中国野生动物保护协会 编著

自然教育手册

让孩子体验自然之美

U0239141

中国农业出版社

农村读物出版社

北京

《自然教育手册——让孩子体验自然之美》
编委会

编审委员会：

主　　任：陈凤学　张习文

副 主 任：李青文　郭立新

委　　员：尹　峰　卢琳琳　徐大鹏　刘　健　张衍泽
　　　　　徐剑敏　范梦圆　黄　玲　陈　旸　陈冬小
　　　　　赵星怡　朱思雨　栾福林

- -

编辑委员会：

主　　编：卢琳琳　尹　峰　范梦圆

执行主编：徐大鹏

编 写 者：（按姓氏笔画排序）
　　　　　山　芸　马　宇　王西敏　王秋月　王继承
　　　　　韦　晓　冯睿曦　邢彦飞　成　英　毕天瑛
　　　　　刘　金　刘　健　刘红霞　杨　樱　何　璐
　　　　　邹　玉　冷　菲　张　伟　陈　芬　陈　俊
　　　　　陈银洁　林　琦　林晓媛　孟祥伟　南红武
　　　　　施柔羽　夏　清　倪腾腾　高一节　黄　瑶
　　　　　程　慧　雷　敏　廖德宝

摄　　影：（除编写者提供之外）
　　　　　王西峰　叶应良　刘　杰　张　挺　张耀红
　　　　　夏　敏　梁霁鹏　裴冀男　颜　军

序 · *Preface*

　　野生动物保护工作是一项社会性的工作，需要全社会的共同参与，特别要提高青少年野生动物保护意识。青少年的生态保护意识和生态道德状况，直接关系到我国野生动物保护工作的成败。因此，大力开展对下一代的生态道德教育，通过举办形式多样、内容丰富的科普宣传活动，使孩子们在亲近自然、回归自然的过程中，受到生态保护知识启蒙和教育，培养生态道德和情感，会对人与自然本应有的和谐关系形成更深刻的认识。因此，对下一代进行生态道德教育是生态文明建设的亮点，功在当代、利在千秋。

　　中国野生动物保护协会是一个拥有41万多名会员的社会团体，自1983年成立以来，积极利用广泛联系群众的优势，把未成年人生态道德教育作为协会的中心工作来抓，紧紧围绕这项工作开展了一系列的公益宣传活动，并辐射到社会、学校、家庭，在未成年人中产生了巨大的影响。特别是从2013年起，中国野生动物保护协会积极响应国家生态建设和生态文明建设的要求，结合学校课程改革、素质教育和自然保护区建设工作的迫切需要，坚持创新，积极探索未成年人生态道德教育的新模式。经过中国野生动物保护协会不懈努力，现在已初步形成以学校为教育主体、以自然保护区为教育基地、以骨干教师和自然教育培训师为师资、以生态道德教育教材为载体、以课堂和活动为途径的未成年人生态道德教育体系，这些都为当前蓬勃发展的自然教育奠定了良好的基础。

我国是世界上野生动物资源较为丰富的国家之一，丰富的野生动植物资源为未成年人生态道德教育和自然教育提供了充足素材，众多的自然保护地是最好的未成年人生态道德教育和自然教育的基地。为了使未成年人更好地参与生态道德教育和自然教育活动，我们把六年来开展自然体验培训师（现为自然教育培训师）培训的资料教材进行整理，编写这本《自然教育手册——让孩子体验自然之美》。这本书凝聚了野生动物保护、未成年人生态道德教育和自然教育工作者的心血，既是中小学校开展生态文明、生态道德教育和自然教育的生动教材，也是自然保护地开展未成年人生态道德教育和自然教育的鲜活素材，同时还是对孩子进行未成年人生态道德教育和自然教育的参考用书。

　　近年来，在生态文明建设理念的引领和绿色发展的时代需求下，未成年人生态道德教育的新形式——自然教育在我国应运而生并得到迅速发展，已初步形成了学校自然教育、自然保护地自然教育、NGO自然教育机构自然教育三大系列，公众对自然教育的理念清晰度也在逐渐提升，并具备一定的认知度。作为未成年人生态道德教育的先行者和组织者，我们将不忘初心，牢记使命，坚持创新，积极探索自然教育新模式，以更加务实的作风、更加标准化的管理、更加丰富多彩的活动，在未成年人心中埋下人与自然和谐共生的绿色种子，为我国生态建设培养更多的生力军，推动我国野生动物保护事业的发展。

中国野生动物保护协会会长

陈凤学

目录 · *Contents*

第四单元　自然保护地如何开展自然教育

第一单元

概　述

第一章
Chapter 1 | 未成年人生态道德教育发展历程

一、政策引领

2004年2月26日，中共中央、国务院下发《关于进一步加强和改进未成年人思想道德建设的若干意见》（中发〔2004〕8号），对新形势下进一步加强和改进未成年人思想道德建设做出重大部署，体现党中央、国务院对我国青少年一代健康成长的深切关怀。文件第三部分"扎实推进中小学思想道德教育"第八条指出，"学校是对未成年人进行思想道德教育的主渠道，必须按照党的教育方针，把德育工作摆在素质教育的首要位置，贯穿于教育教学的各个环节。"

对未成年人进行生态道德教育是青少年思想道德建设的应有之义和重要组成部分，也是实施以生态建设为主的林业发展战略的重要举措。2004年9月25日，国家林业局（现国家林业和草原局）下发《关于加强未成年人生态道德教育的实施意见》（林护发〔2004〕164号），其中第六部分"多部门合作，共同加强未成年人的生态道德教育"中指出，"中国林学会、中国野生动物保护协会、中国野生植物保护协会等民间组织也要积极发挥作用，利用他们在行业中的业务优势和在社会上的广泛影响，积极开展生态道德教育。""要积极通过教育部门在中小学当中开展评选'生态学校''生态班级''保护野生动（植）物小卫士'等活动，大力推进自然与生态知识进学校、进课堂、进课本，推进生态知识的普及。"从此，对未成年人进行生态道德教育正式摆上了工作日程。

二、启动时期

中国野生动物保护协会成立于1983年12月22日，自成立以来，通过举办"世

界野生动植物日""爱鸟周""保护野生
动物宣传月"等多种宣传教育、科技交
流活动，并联手全国各级野生动物保护
协会，面向社会，面向学校推广此类活
动，在提高全民自然保护意识，普及科
学知识，增强法制观念及促进科技、文
化交流方面发挥了重要作用。一些学校
组织广大中小学生开展了许多保护野生
动物的宣传教育活动。江苏省徐州市
睢宁县邱集镇大余小学、浙江省景宁中

学、辽宁省盘锦市辽河油田兴隆台第一小学、湖北省武汉市江汉区华中里小学等学
校从20世纪80年代就开始与当地林业部门、野生动物保护协会合作开展爱鸟、护鸟
活动，30多年从未间断，成为未成年人生态道德教育的先行者。

三、兴起时期

2004年以后，中国野生动物保护协会加大未成年人生态道德教育的力度与广度。
2006年3月24日，国家林业局与中央电视台联合主办的、全国首个以保护野生动植
物为主题的少儿科普节目《绿野寻踪》开播，在中国野生动物保护协会负责承办期
间，《绿野寻踪》节目共播出179期，获得了良好的社会反响，成为未成年人生态道
德教育的鲜活互动平台。为了全面推进未成年人生态道德教育工作，中国野生动物
保护协会从2005年起分别在吉林省延吉市、四川省都江堰市、四川省乐山市、湖北
省京山县先后4次召开"全国未成年人生态道德教育经验交流会"，并表彰20所学校
为"全国未成年人生态道德教育先进单位"。为丰富未成年人的文化生活，增长他们
的生态保护知识，从2006年起中国野生动物保护协会积极挖掘社会生态道德教育科
普资源，在中国林业出版社等单位出版了《老虎的故事》《我的濒危动物园》等14

种适合儿童阅读的野生动物保护科普图书。中国野生动物保护协会还参与《鹤乡谣》《熊猫宝宝成长日记》等4部未成年人生态道德教育影视作品的制作与发行。

四、发展时期

从2013年起，中国野生动物保护协会积极响应国家生态文明建设的要求，结合学校课程改革、素质教育和自然保护地建设工作的迫切需要，坚持创新，积极探索未成年人生态道德教育的新模式——大力推动自然教育。以自然教育为平台，把生态道德教育落到实处。截至2019年年底，中国野生动物保护协会先后举办了19期"自然体验培训师"培训班，为中小学幼儿园、自然保护地、地方协会、非政府组织（NGO）培养了1 070名宣教骨干，其中165名学员经考核正式颁发"自然体验培训师"志愿者荣誉证书；先后审定4批共计245所中小学、幼儿园成为"未成年人生态道德教育示范学校"；组织编写《美丽洪湖我的家》《麋鹿回家》《大熊猫的家园》《探索红树林》《美丽桂林　神奇花坪》《美丽的乌裕尔》《走近鄱阳湖》《长江——水生动物的家园》

《我爱家乡　我爱东北虎》9种未成年人生态道德教育系列教材，并在全国12省份的相关基层学校作为综合实践课程的必修教材推广使用；先后举办了"全国未成年人生态道德教育论坛""首届自然共同体"论坛和"海峡两岸自然教育研讨会"，出版《全国未成年人生态道德教育实践与探索》论文集、《生态文明教育读本》；还成功举办"全国长隆杯第一、二届中小学生自然笔记大赛"和"全国青少年生态文明书画征

文活动"，25个省份数百所学校近5万学生参加了活动。

经过中国野生动物保护协会不懈努力，未成年人生态道德教育工作不断增强，现在已初步形成以学校为教育主体、以自然保护地为教育基地、以骨干教师和自然教育培训师为师资、以生态道德教育教材为载体、以课堂和活动为途径的未成年人生态道德教育体系。

五、展望未来

站在继往开来的崭新起点，中国野生动物保护协会将不忘初心、牢记使命，坚持以习近平生态文明思想为指导，在多年开展生态道德教育的基础上，继续组织自然教育培训，开发教材和活动手册，开发自然保护地研学精品路线，坚持把自然笔记、自然体验和观鸟活动等成熟经验传承和发展下去。同时，不断适应新形势的发展和国际接轨的需要，进一步加强横向联合和国际间合作，全面提升国内自然教育的自主发展能力和国际影响力，努力构建起学校、自然保护地、NGO组织三者之间联动的自然教育平台，以适应国家生态保护与生态文明建设的要求，为建设生态文明和美丽中国做出更大贡献。

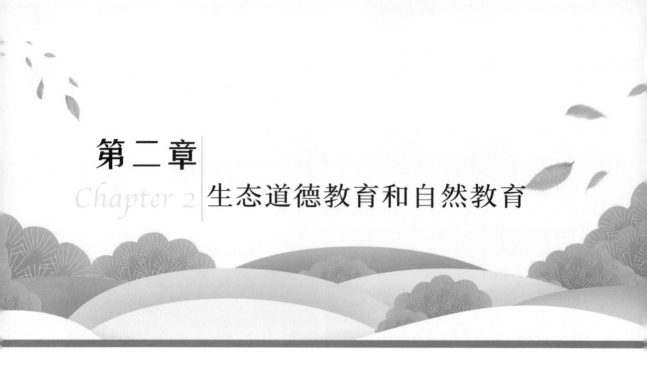

第二章
Chapter 2 | 生态道德教育和自然教育

一、生态文明视野下的生态道德教育

生态文明的核心是人与自然和谐共生。生态道德是建设社会主义生态文明的精神依托和道德基础。只有大力提高全民生态道德意识，使人们对生态环境保护转化为自觉行动，才能解决生态保护的根本问题，才能为社会主义生态文明的发展奠定坚实的基础。

党的十八大以来，党中央把生态保护作为推进生态文明建设战略的重要内容，摆到了更加突出的位置。习近平总书记在十九大报告中明确指出要牢固树立社会主义生态文明观，把树立和践行绿水青山就是金山银山以及坚持节约资源和保护环境的基本国策，一并列为新时代中国特色社会主义生态文明建设的思想和基本方略。加强生态道德教育是大力推进生态文明建设的基础工程，为推动形成人与自然和谐发展、践行社会主义生态文明观发挥重要和决定性作用。

生态道德与传统道德有什么不同？首先，二者的价值观基础不同，传统道德片面强调人类利益，而生态道德则追求人与自然的和谐发展。其次，二者的行为客体不同，传统道德更多关注人与人、人与社会的关系，生态文明则强调人与自然、人与人、人与社会之间的和谐共生的可持续发展。

生态道德是以调整人与自然关系为基本内容的道德观念和行为准则。具体就是调整三种关系，树立三种理念，规范三种行为。

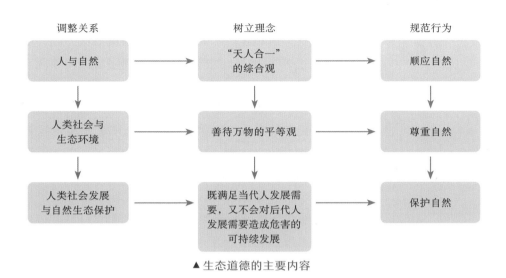

调整关系	树立理念	规范行为

▲ 生态道德的主要内容

从教育范畴看，生态道德教育是德育的一个分支，它主要是针对人类活动的生态影响，培养人们对于自然生态所负有的道德责任和义务而进行的教育。未成年人生态道德教育就是让未成年人了解大自然、热爱大自然、保护大自然，培养他们对大自然负有道德责任与行动义务而进行的教育。生态道德教育特别强调如何引导未成年人树立正确的自然观，主要是围绕野生动植物、生物多样性、森林、草原、湿地、河流、海洋等专题开展教育教学活动。

应该说，未成年人生态道德教育的提出和实施，符合时代发展潮流，更符合习近平生态文明思想的要求，但需要进一步深化和拓展。开展生态道德教育活动，对全面提升我国未成年人生态文明理念是不可或缺的。

二、自然教育的由来

关于自然教育，一般认为起源于法国思想家卢梭(1712—1778年)所倡导的自然主义教育。他提出"回归自然"的口号，认为教育的核心是归于自然，要顺应孩子们的自然天性，让他们的身心能自由自在地发展。1892年，苏格兰植物学家盖茨博士在爱丁堡建立了一座瞭望楼，供学生观察、学习自然现象之用，这个瞭望楼则被视为最早的"自然学习中心"。1898年，美国博物学者斯通发表了《动物记》一书，获得了巨大成功。他主张"孩子们在一年中应当有一个月的时间去参加野营"，从而在美国社会掀起了观察和了解自然的热潮。1908年，美国创立了"自然研究学会"(American Nature Study Society)，开始重视热爱自然、理解自然的情感养成，并将强调亲身经历、感受和体验大自然等理念引入教育领域。自然教育的理念出现在100多年前，但从未被正式定义。在欧美，人们更为熟知的是森林教育，把自然教育作

为户外教育（Outdoor Education）的一个分支。森林教育的概念最早起源于1927年的美国威斯康辛州，随后在20世纪50年代引入北欧和其他欧洲国家，90年代正式进入英国。在亚洲，日本教育重视社会实践，注重修学旅行，较早开展了自然体验教育。因此，大家谈到的自然教育更多是指自然体验。自然体验开始于20世纪70—80年代的美国、欧洲，1979年美国约瑟夫·克奈尔编著了《与孩子共享自然》，该书讲述如何带领孩子们在自然中进行各种各样的游戏，其深刻意义在于指导孩子们在自然中快乐地体验和玩耍，并建立起与自然的情谊与感情。该书出版后畅销十几个国家，引发了一场全球范围内的自然教育运动。

　　2005年美国理查德·洛夫编著了《林间最后的小孩——拯救自然缺失症儿童》一书，揭示了儿童与自然之间关系的令人惊异的断裂，在书中作者提出孩子们与自然的直接接触对于儿童的身心健康至关重要。为了救治儿童的"自然缺失症"，作者建议应该拉近儿童生活与自然的距离，重新建立孩子们与自然的联结，让孩子在真实的世界里学习。自然体验提倡"在自然中""向自然学习"，提倡带领人们到自然或半人工的环境中，借助自然游戏（观察落叶的纹路，抚摸粗糙的树皮，聆听虫儿世界的声音等）、歌唱、戏剧等方式，提高参与者欣赏自然、与自然和谐相处的意识和能力。

　　自然教育的概念和内涵，从不同的角度来看，侧重点不同。从教育学的角度出发，自然教育是利用自然体验的方法，建立"人与自然""人与人""人与自我"之间的联系，以期促进人们健康成长，实现人与自然和谐共生的教育行为。从哲学的视角来看，自然教育则是指人们达到"自己而然""自身而然"状态的一种途径。从经济学的角度出发，自然教育是一种综合了环境教育、环境解说、自然保育、社区发展、景观规划、市场营销、企业管理等诸多方面的特殊学习型服务产品。

　　当代的自然教育，不仅有"在自然中"的教育（in）；"关于自然"的教育（about）；更重要的是"为了自然"而行动的教育（for）。因此通俗地讲，自然教育就是带孩子们走进自然，利用自然元素和自然环境进行游戏、观察、记录、创作等一系列体验式的活动，在活动中建立人与自然、人与人、人与自我之间的关系。

　　现在，自然教育不仅在欧美、日本等很多国家地区非常流行，在我国也进入了蓬勃发展的状态。越来越多的孩子们走进自然，参加户外活动、露营、自然体验和观察野外动植物，自然教育成为国内外校外教育的最佳选择。

三、自然教育与环境教育、生态道德教育的关系

自然教育是以真实的自然生态环境作为平台和资源，提供与自然亲密接触的场所和机会，通过自然体验、生态参与、科普讲解等系列活动，让未成年人去感知、发现、认识大自然的美妙，培养和提高他们的观察能力和创新能力，树立顺从自然、尊重自然、保护自然的理念，使他们的身心都能得到健康发展的教育体系。

自然教育包括目标、场所、内容三个要素。从目标上看，自然教育培养和提高未成年人的观察能力和创新能力，树立顺从自然、尊重自然、保护自然的理念，使他们的身心都能得到健康发展成长的教育体系。从场所上看，自然教育是以真实的自然生态环境作为平台和资源，提供未成年人与自然亲密接触的场所和机会。从内容上看，自然教育通过自然体验、生态参与、科普讲解等系列活动，让未成年人去感知、发现、认识大自然的美妙。

自然教育源于环境教育，是环境教育的重要组成部分和延伸补充。自然教育通过在真实自然生态环境中的实践活动，帮助未成年人认识自然和自然界的基本规律，培养与自然的情感，树立正确的自然观，养成对自然、对环境友好的生活方式，并且积极参与到保护环境、保护自然的实际行动中去。

如何看待生态道德教育与自然教育的关系？我们可以从4个方面来认识。首先，生态道德教育站位更高，应是生态文明时代的道德教育水准，不仅包括常规自然教育，还包括以生态文明为核心的思想道德教育。其次，自然教育目标可以分解为知识与技能、过程与方法、情感态度与价值观三维目标，倡导通过学习过程中的感受、体验，概括和提炼后最终形成"人地和谐"的生态道德价值观。第三，从操作层面上看，自然教育给生态道德教育的落地和细化带来契机，可以说自然教育是将生态道德教育具体化、形象化的教育。第四，自然教育和生态道德教育在理念、总体目标、涉及范围和教学活动模式方面存在着很多共性和相同的地方，完全可以共用平台、共享资源。

第三章
Chapter 3 | 国内外自然教育的发展

一、国外的自然教育

20世纪50年代，丹麦成立世界上第一所"森林幼儿园"，与传统幼儿园相比，森林幼儿园更加注重孩子们身心发展平衡。20世纪80年代后期，森林幼儿园开始在德国以及其他欧美国家快速发展，后被陆续推广到日韩。目前德国全境已有超过1 500所森林幼儿园。德国的家长和老师们认为，德国是从森林里走出来的民族。森林是大自然的象征，培养孩子热爱森林、敬畏自然的精神。

在英国，自然教育也逐渐开始"走红"于幼儿园和小学。英国有句俗语，"树是孩子的第三位老师！"因此，课程设计最大限度的利用城市公园、树林、森林等自然资源。英国的森林教育是由孩子主导的体验式学习，而非传统学校的教师主导，教师更多的是设计、计划课程方案，通过观察、引导等方式，与孩子进行互动。

在美国，推行一种非正式教育计划——4H教育，4H教育中的"4H"是Hand、Head、Health、Heart的简写。顾名思义，这种教育强调"手、脑、身、心"的和谐发展。4H教育鼓励孩子们从大自然和日常生活中撷取知识和掌握技能，进而在生活中创建积极的人生观的教育哲学。

日本的自然教育经过40多年的发展已趋于成熟。截至2016年年底，据不完全统计，已有近4 000所自然学校。既有面向幼儿的全日制森林幼儿园，也有面向青少年的修学旅行、自然教室等体验式生活教育，还有面向成人的政府机构和企业人员的拓展项目和生态旅行。

韩国自然教育已经开始对亚洲邻国进行"课程输出"。在韩国父母中间，"Nature(自然)育儿法"开始受到重视，而且渐渐流行起来。"自然育儿法"的核心就是将孩子的生活、教育、游戏等都尽可能回归自然，最大限度地使孩子在自然的状态下成长。

以上是在自然教育领域中早先发展以及相对成熟的国家。总的来说，这些国家把自然教育逐渐纳入到常规的国家体制教育中，两者相辅相成。同时这些国家的公众对自然教育的认可度和重视程度普遍较高。

二、中国香港、台湾地区的自然教育

在我国，自然教育在香港特别行政区和台湾省发展较早。香港主要基于郊野公园和自然保护区来实施。20世纪70年代，香港开始筹划郊野公园。这一决定和计划，让郊野公园为香港四成的土地提供了完善的保护，在快速发展中保住了宝贵的绿水青山。1976年颁布的《郊野公园条例》奠定了香港郊野保护及郊野公园的职能，明确提出郊野公园的用途包括自然保育、教育、康乐、旅游和科研，加上数十年来的自然护理措施，缔造了多样化的生态环境，成为大量野生动植物的生存之所。如今，香港有24个郊野公园和22个特别地区，在成立后的40年中稳步发展，保育和教育工作卓有成效。这些受保护土地是由香港渔农自然护理署（下文简称"渔护署"）和康乐及文化事务署共同管理的。渔护署下属郊野公园及海洋公园分署以及自然护理分署，前者负责管理郊野公园内的郊野径、自然教育径、树木研习径、游客中心以及自然中心、自然教育活动等，后者则主要负责香港米埔自然保护区和湿地公园的监察、管理和教育工作。

郊野公园划定后，如何妥善使用公园内的每一部分土地是规划的重点。香港的郊野公园主要按照休闲娱乐、保育、教育三大部分进行分区规划。为了加强市民尤其是学生对郊野的认识，并把关注保育和郊野公园的志愿者团体凝聚起来，政府决定把保育概念纳入学校课程，设立郊野公园游客中心，修建郊游径以及自然教育径，为学校团体提供郊野活动计划及安排游览郊野公园等活动，并出版有关郊野公园的手册、书籍，推广郊野教育计划，让游客认识郊野的地理特色和动植物。

郊野公园游客中心是市民接触郊野公园最初的窗口。资讯充足是郊游乐趣的先决条件之一，因此设立资料完备，包括接待处、展览厅的游客中心是首要之务。香港政府在英国郊野相关规划管理部门的帮助下筹划理想的游客中心，包括中心设计、标准、展品、人力安排以及管理办法等。香港郊野公园目前共有6个自然教育中心或游客中心，主要目标是提高公众对郊野公园自然护理的认识。中心工作内容分为3个方面：为学生提供自然教育活动以及到校的宣讲活动；为公众提供自然解说以及工作坊；为志愿者提供专业培训。

我国台湾省自1991年起，由教育部门牵头，参考自然中心的概念，推动"自然生态环境教育户外研习中心"的设置，20多年来许多森林公园、林业实验室、生物研究保育中心、环境保护教育展示中心、大学环境教育中心等纷纷参与此类工作的建立与研究。"环境教育法""环境教育法实施细则""环境教育机构认证及管理办法""环境教育实施场所认证及管理办法"等一系列规定的出台，更提供了有利的政策环境、环境教育基金、专业人员、设施场所，促进环境教育的落实与发展。所有的公务人员、公营事业机构、高中以下学校师生，每年必须参与最少4个小时的环境教育，直接带动了台湾省环境教育事业和产业的全面发展。目前台湾省已经建立起百余个自然教育中心，更有77个通过环境教育设施场所认证，为公众提供各级学校与国民优质的环境学习经验与寓教于乐的服务，协助提升全民的环境素养。

近些年来，随着保育风潮、教育改革、高品质的游憩需求、传统产业转型等的呼声渐高，台湾省各界对"优质的环境学习中心"的需求普遍增强，多个场所通过了自然教育中心认证，分布在台湾省各地。值得一提的是，台湾省的林业管理部门自2006年起将所辖的8处森林游乐区发展成为自然教育中心，构建成了台湾省优质的自然教育中心系统体系，是公共部门在环境教育推动上的典型示范。

三、中国大陆地区的自然教育

大陆地区环境教育与可持续发展教育已发展多年，但是自然教育近年来才开始出现在公众的视野，且包含了多重的含义以及各种跨领域的实践。2009年和2013年环保组织中国文化书院·绿色文化分院（自然之友）先后翻译《与孩子共享自然》《林间最好的小孩——拯救自然缺失症儿童》两本书，并邀请到约瑟夫·克奈尔赴北京推广自然教育，同时在国内开始组织开展自然教育的教师培训和拓展活动，自然教育的概念在中国逐步传播开来。

2000年以来，全国各地越来越多的环境机构、教育机构、自然保护地、宣教中心开始了自然教育的学习和公众普及实践，并试水市场化经营，探索自然教育的盈利模式，促进行业的良性发展。2014年在厦门召开了第一届全国自然教育论坛，2015年在杭州、2016年在深圳、2017年在杭州、2018年在成都、2019年在武汉分别召开了第二到第六届全国自然教育论坛，共同探讨自然教育界定及自然教育的意义价值、课程开发、人才培养、媒体传播、自然教育与社会化自然保护等议题，促进自然教育行业人员的沟通交流，达成初步共识，为今后进一步交流和促进行业协作，行业专业性发展与后备人才培养等奠定基础。

同时，政府在政策上采取支持鼓励政策，促进了自然教育的开展。例如，国家林业和草原局发布了《关于充分发挥各类保护地社会功能大力开展自然教育工作的通知》（2019年）要求自然保护地管理部门要有专人负责管理、协调、组织社会公众有序开展各类自然教育活动，鼓励著名专家学者亲自为公众讲授自然知识，打造富有特色的自然教育品牌，着力推动自然教育专家团队、优质教材、志愿者队伍建设，逐步形成有中国特色的自然教育体系。

现在，自然教育在大陆发展异常迅猛，已初步形成了学校自然教育、自然保护地（公园、植物园）自然教育、NGO自然教育机构自然教育三大系列，公众对自然教育的理念清晰度也在逐渐提升中，并具备一定的认知度。相关调查数据显示中国公众对自然教育的主要关注点在于自然体验；其次是公众对博物认知类的活动也抱有浓厚的兴趣；再者为户外游学；其他还包括文化旅行、生态保育、艺术工坊等。中国的自然教育活动主要集中在周末、冬（夏）令营、节假日、研学日，是体制教育外的素质教育补充。

自然教育在我国的发展势头将越来越好，也将越来越规范。自然教育机构是提高国民科学素质、影响公众参与生态环保事业的重要社会参与力量。自2012年以来，研学旅行、科普宣传、生态文明教育等各类自然教育机构相继成立，尤其是2016年教育部等11部门联合发布的《关于推进中小学生研学旅行的意见》和2017年教育部发布的《中小学综合实践活动课程指导纲要》，将研学旅行正式纳入学校课程体系，全国范围内围绕研学旅行设置的自然教育机构如雨后春笋般纷纷涌现。全国自然教育论坛统计报告显示，2016年我国自然教育机构为286家，2017年则超过2000家。但与国外一些起步早、发展久，已经拥有较为成熟的行业规范、服务标准和人才培养体系的自然教育机构相比，我国自然教育机构从业时间短、地区分布不均衡，受众以城市中小学生和亲子家庭为主，成人和乡村孩童成为行业发展的"盲点"。同时，自然教育机构行业缺乏规范管理、服务水平参差不齐、费用收取标准缺失、师资培训和课程设计随意性大等问题也频频发生。为此，建议建立政府主导、完善社会参与保障体系，引导和鼓励社会力量参与科普服务建设和运行的有效机制，制定行业机构规范标准等。

第四章
Chapter 4
自然教育培训师的培训与管理

一、自然教育培训师的培训

开展自然教育，需要一批培训师来进行组织、辅导、推动。要想成为自然教育培训师，首先要有一颗顺从自然、尊重自然、保护自然的真诚之心，有从事环境教育和自然教育公益活动的饱满热情；二要师出自然，对自然生态知识有一定的了解，特别是在某一领域有专长的人士；三是应有从事教育教学工作的经历，对未成年人的心理、生理和知识特点有所了解；四是要经过专业的理论和技能培训。

为了推进生态道德教育和自然教育的普及与发展，中国野生动物保护协会从2013年起举办相关的培训班，为学校、自然保护区、各地协会培养生态道德教育与自然教育的骨干人才。到2019年年底，共举办了19期，参训人员达到1 070人，其中包括学校校长、自然保护区管理局局长、各省市野生动物保护协会秘书长、单位业务骨干、自然教育NGO负责人等。培训班的办学理念是在快乐中学习、在体验中感悟、在交流中提高，采用小组组合形式，运用理论与实践相结合，室内讲授与户外活动相结合的方式进行教学。培训班的讲师是中国野生动物保护协会聘请的在生态道德教育和自然

教育方面有造诣并在国内有影响的专家、学者。培训的内容会根据每期培训对象制定有针对性的教学计划，包括生态道德教育和自然教育的基本理论、学校（自然保护区）如何开展生态道德教育和自然教育、开发编写校本教材和活动手册、自然笔记、自然体验、观鸟、实地考察、设计活动方案等。培训过程中运用案例分析法、讨论交流法、参与互动法、实地观摩法、专家点评法、现场实习法等多种方法交替进行，极大地调动学员的参与积极性和主观能动性，取得极好的教学效果。主办单位曾经对参训学员进行过问卷调查，学员对培训班效果选项"非常好"的分别达到83.3%（教师班）和94.8%（保护区班），选项"好"的分别达到16.7%（教师班）和5.2%（保护区班）。学员学习态度在培训前后的变化，主动性分别由77.7%提高到100%（教师班），80.1%提高到100%（保护区班）。100%的学员表示回去会开展生态道德教育和自然教育，可以肯定，这19期培训班举办的非常成功，取得了非常好的教育效果和社会效应，培训班所有学员都获得了结业证书，从而也为生态道德教育和自然教育播下了种子。

深圳华侨城湿地自然学校依托华侨城湿地，开展以保护湿地为主题的自然教育，自成立以来一直注重环保志愿教师的培训，每年向社会招募两批。然后通过自然体验、园区生态学习、活动设计、讲解技巧等项目的培训、实习和考核，已建立了一只有520人注册的志愿者队伍。

中国科学院西双版纳植物园最近两年在暑假期间对30名中小学教师开展以植物为主题的自然教育培训，他们充分利用植物园自身的资源，在体验活动中开拓学员的视野，激发学员的激情，也取得了很好的效果。

除了上面提到的公益性的培训之外，一些NGO自然教育组织如北京自然之友盖娅自然学校也举办了一些收费的培训活动，同样取得了较好的效果，为社会输送了一批自然教育骨干。

二、自然教育培训师的管理

培训生态道德教育和自然教育的骨干，如何使他们能发挥作用并不断提升自己，中国野生动物保护协会作了一些有效的探索。

中国野生动物保护协会对19期培训结业的学员提供了提高自身发展的空间，即申请自然教育培训师（原自然体验培训师）的资格。培训结业的学员在符合下列4个条件的情况下，每年有一次向中国野生动物保护协会申报的机会。

（1）凡申报自然教育培训师（原自然体验培训师）的人员，必须遵守中华人民共和国宪法和法律，具有良好的职业道德和敬业精神。

（2）参加过中国野生动物保护协会举办的自然教育培训师（原自然体验培训师）培训并取得结业证书。

（3）申报活动次数应不少于3次，受众总人数应不少于200人。活动可多报，以体现申报人的工作业绩。申报活动是指申报人策划、组织或参与野生动植物保护和生态保护并积极发挥作用的公益活动，诸如组织开展"爱鸟周""保护野生动物宣传月""世界野生动植物日"等纪念性宣传活动，组织开展自然体验、笔记大自然、儿童剧、观鸟、生态摄影、科普讲座、论坛、展览、征文、出版科普图书、编写教材、编撰科普论文以及其他公益宣传活动等。

（4）所在单位对申报材料的真实性进行审核并加盖公章。

到2019年年底，已经有4批165名学员通过了审核，获得了中国野生动物保护协会颁发的自然教育培训师（原自然体验培训师）资格证书，他们之中大部分是中小学教师和自然保护地工作人员。

自然教育培训师享有的权利：

（1）由中国野生动物保护协会颁发证书，配发工作服装和资料，提供信息。

（2）有优先参加中国野生动物保护协会举办的相关培训班和交流活动的资格。

自然教育培训师履行的义务：

（1）认真完成中国野生动物保护协会所下达的有关生态道德教育和自然教育的公益活动。

（2）坚持每年开展3次，人数不少于200人的生态道德教育和自然教育公益活动。

这些自然教育培训师是生态道德教育和自然教育的种子，已经在生根、开花、结果了，对推动本地区和本单位的自然教育活动起了极大的骨干带头作用。湖北的冷菲、杨樱、南红武、刘红霞、黄瑶、张玉，陕西的张剑虹、马宇、刘兴华，深圳的陈宵翔，云南的段红莲，四川的张涛等已多次承担中国野生动物保护协会的培训教学任务。

目前，中国野生动物保护协会将对自然教育培训师（原自然体验培训师）的培训和管理工作做进一步的制度化、规范化、科学化的改革，对自然教育培训师（原自然体验培训师）中工作突出和表现优秀者，将被命名为"自然教育导师"，并参加中国野生动物保护协会组织的"自然教育导师"讲师团，担负培训教学任务。改革主要是为了吸收更多的有识之士加入到生态道德教育和自然教育的行列中来，并充分发挥他们的作用。

第五章
Chapter 5 | 自然教育培训师如何开展活动

一、自然教育活动课程的开发

自然教育离不开体验活动，或者说自然教育的一个重要途径就是开展体验活动。自然教育活动课程的开发是实施自然教育的基本前提，也是自然教育内容的直接来源，可以说是开展自然教育的统领和优先工作。

自然教育活动课程是整个自然教育建设的软件部分，然而在实际操作中常常因为缺少合适的自然教育活动课程，让教师和保护地工作人员陷入无本可循的窘境。徒有硬件而无高质量的活动课程，对自然教育来说形同空壳。因为自然教育绝不仅是带孩子和成人去户外玩玩而已，必须有其深刻的教育涵义。这就需要开发自然教育活动课程，整合户外教与学、户外环境教育、户外休闲教育，来达成"寓教于乐"的学习效果。

自然教育活动课程是需要经过专业精心设计与安排的。首先活动课程的目标应该定位为：通过各种各样的体验活动，让参与者能够获得丰富的情感经验，养成尊重自然的观念和强烈的自信心。以下理念可以运用到自然教育活动课程的开发中：

- 以自然为友。在自然中，孩子、家长可以共同成长，探究自然的奥秘，理解大自然的运行，了解大自然的服务功能以及给我们人类带来的好处。
- 在玩中成长。让参与者在自然中和朋友们一起充分嬉戏，促进他们获得自然经验，促进身心发展。许多人的学习是从做中来学，因此课程要配合和满足人们做中学

的需求。尽量和学校沟通并且通过具体展现这种特点，让来自正规教育系统的伙伴们知道这样的学习方式绝对是非常有效与值得的。

- **突出地方感**。课程的内容应反映当地的植物、动物、生态、历史、文化等，提供各种与本地自然环境和历史文化有关的方案活动，这才可能产生与自然接触的习惯，建立与自然正向的联系，进而影响他们的知识、态度及行为。

- 依据实际情况，结合中小学综合实践活动课程与研学旅行，提供一连串的机会让学生去探索、调查，发现自己的问题与对问题的解答，设计完整的自然教育课程方案，建立系统的自然教育活动体系。

在现阶段的自然教育实践过程中，往往把课程设计与活动编写混为一谈。一个完整的活动课程可以是围绕某一主题的一系列活动。课程强调的是整体、有系统的设计，通常有步骤地安排现有与未来可用的资源，相应的人力、组织，并有系统规划的理念与目标。而活动指的是单一的、偏重个体的，通过对现有可用资源的设计，以达到特定目标。我国台湾省的一项研究认为，优质的课程方案应该具备以下7项特征：

- 重启发而非教导，强调互动而非单项的灌输，协助参访者获得亲身的体验。
- 能反映出对环境的关怀及当地资源的特色。
- 目的在于协助参访者发展环境感知、学习环境知识、培养环境伦理、熟悉行动技能，甚至获得环境行动的经验。
- 应针对不同的参访者，经常性地提供多样的环境教育方案与学习活动。
- 能推出新的展示、课程及活动方案，吸引参访者回流。
- 学习活动能弥补学校环境教学的不足，并协助达成各学科课程的学习目标。
- 通过设计或安排，使活动方案及设施的使用者能在此体验与履行对环境友好及可持续发展的承诺。

二、自然教育活动的基本流程

自然教育培训师开展活动要注意以下5点。

 1 熟悉环境

自然教育培训师开展户外活动基本上是在真实的自然环境中的体验，通过这种

真实的体验来增进人与自然之间的情感交流，所以自然体验教育与活动场地是密切结合的。这些活动场地大致可分为3类：一是原生态的森林、湿地、海滩、草地、原野等，其中很多是在自然保护地内；二是公园、植物园、动物园、种植园（农场）、城市绿地等；三是校园。自然教育培训师应根据本地、本校所处地理位置、自然环境及其教学需要来确定自然教育的场所和主题。在选定的自然环境中开展活动，都要充分尊重其自然属性，做到"师法自然"。并且要通过实地考察和查阅资料，全面了解其生态系统之间的联系及特别之处，包括生物多样性，特有的动植物等，在心中有数的基础上，针对受教育者的生理、心理、知识特点，围绕活动主题，根据场地的生态要素来筛选可利用的自然资源，使其成为开展自然教育的素材。如在原生态环境中的湿地观鸟、林中生态小径，公园植物园中的自然笔记，校园中的物候观察等。

② 了解对象

　　自然教育培训师应对自己的授课对象有一定的了解，做到因人制宜来设计活动方案。一般说来，授课对象的年龄决定了自然教育的活动方式；授课对象的知识水平决定了自然教育的内容和难度；授课对象的需求决定了自然教育应给予的信息。总之，对授课对象了解得越多，设计的活动方案才更有针对性，自然教育培训师在实施时才会得心应手。对授课对象的了解可通过问卷和活动前交流的方式来获取。根据不同年龄段授课对象的生理、心理特点和知识水平，9岁以下的以游戏、体验活动方式为主；10～12岁的以体验、观察活动方式为主；12岁以上的以观察和小课题探究活动方式为主。当然，这不是绝对的模式，在授课过程中可随时对授课目标和方式进行调整，以适应授课对象的需求和活动场地环境的变化。

③ 设计方案

　　在对授课场地环境和授课对象了解的基础上，可以设计活动方案了。活动方案

有两类，一类是体验活动式，一类是小课题探究式。在这里主要介绍体验活动式，小课题探究式另有专题论述。一般说来，一次活动不论时间长短，都应该确定一个主题，围绕这个主题可以选择或设计若干个不同的小活动（游戏）来展开，但在结构上必须紧扣主题，逻辑关系上是递进或并列的，并且整个活动要符合参与者与场地环境的特点，符合体验和认知的规律。

一个活动方案应包括如下几个部分：

（1）活动前：活动名称　教学目标　授课对象（事先了解）
　　　　　　　所需时间　所需材料　场地环境（事先考察）
　　　　　　　背景知识　安全预案

（2）活动中：准备环节→开始环节→进展环节→结束环节
　　　　　　　（每个环节都要有相应的备案以应对可能的变化）

（3）活动后：总结评估　后续要求

方案的设计，必须根据选定的主题来收集整理相关的背景知识，可以参考出版物和网站上已有的活动案例，但是不能照搬，必须根据自己设定的教学活动目标进行筛选，再结合授课的对象、开展活动的场地环境资源和可利用的时间来进行改编。

 4 开展活动

美国的约瑟夫·克奈尔是当今世界最负盛名的自然教育家，他的著作《与孩子共享自然》是自然教育的入门书。他认为，组织户外游戏和活动，有一定的程序，即"自然教学法"，共四个阶段，从一个阶段进入另一个阶段是一个流水般自然、流畅、循序渐进的过程。自然教育培训师开展活动也可以借鉴遵循这个流程。

第一阶段：激发热情

如果缺乏热情，你绝对无法从大自然中获得有意义的体验。从事户外教育活动，有个好的开端是至关重要的。趣味盎然的游戏是最好的开场白，总能赢得大家的热情参与。

第二阶段：集中精力

在第一阶段的结尾，人们通常获得了许多乐趣，并且精神放松，兴致高昂。这时，必须借助一些可以使人心平气和的活动，使人们集中精力，体味自然界更深层次、更微妙的地方。第二阶段游戏的目的就是让大家酝酿出平和的心境，形成容易接受新鲜事物的能力。第二阶段的活动起了一个桥梁的作用，将热闹有趣的游戏与专注安静的活动联系起来。

第三阶段：直接体验

一旦集中精力，我们就能对看到、听到、触到和闻到的一切有更为清晰的感知。尽管第三阶段（直接体验）与第二阶段（集中精力）相似，但第三阶段因置身于大自然中进行直接体验而更具震撼力。每个直接体验活动设计的目的，都是为了强化一种或几种体验自然的感官的感知能力。

第四阶段：分享启示

分享的过程使得每一个人内心的体验得以升华和巩固。在第三阶段结束时，参与者都感到一种恬静收获的喜悦，一些表现大自然温馨、美好、振奋一面的活动，适合表达队员此刻的心情。此时，也是大家彼此交流心得的最佳时机，交流增强了参与者的求知欲和凝聚力，同时也为活动画上了完美的句号。

 5　总结提升

一次活动完成后，自然教育培训师应对活动进行评估和总结，以便使自己的辅导能力得到改进和提高。评估可从两方面进行，一是授课对象的评估，二是自我评估。

授课对象的评估可采取问卷的形式，可设置如下的选题：

- 你觉得这次活动好玩吗？为什么？
- 你觉得老师哪里讲得最有趣？
- 你觉得老师哪里讲得不够满意？
- 请你写出3个知识点。
- 你还愿意参加这样的活动吗？为什么？

　　　……

将回复的问卷一汇总，本次活动的成功与不足之处就一目了然了。

自我评估可从如下几个方面来考虑：

- 对真实的生态环境利用程度。
- 活动参与者的接受程度。
- 活动的设计与实际操作合不合拍。
- 与授课对象交流到不到位。
- 讲得最满意和不满意的地方。
- 活动的目标是否达到。

......

如实的自我评估，会对自己的能力和水平有个正确的认识。

在两种评估的基础上进行总结，会使授课者知己知彼，找到活动的设计和讲授需要改进和提高的地方，才会使自己不断得到进步和提升。

⑥ 活动流程

分析授课对象的基本情况和需求→分析活动地点的生态资源和可操作的条件→确定主题→选择内容和形式→设计活动的全过程（包括准备工作）→制定安全预案→小范围实验运用→总结评估效果→调整改进定稿。

附录 奇妙的森林之旅

教学目标

（1）知识方面

了解生物多样性概念

（2）情感方面

感受大自然的美丽

为自己美丽的家乡感到自豪

（3）行为方面

和其他朋友分享自己对大自然的赞美之情

教学场地：户外

教学方法：实地探索

适合年龄：9～12岁

时间：3个小时

教学准备

（1）为每一位学生准备一张"奇妙的森林之旅"学生活动卡。

（2）为保证安全，提前选择一处距离社区不太远，但是相对受人干扰少的森林，作为活动场地。

（3）提前告诉学生今天要进行一次奇妙的森林之旅，所有人都需要穿着适合户外活动的衣服和鞋子。

教学步骤

（1）告诉学生今天要进行一次森林之旅的活动

通过前几课的活动，学生们初步了解了家乡最有代表性的动物——大熊猫，家乡是一个生物多样性非常丰富的地方，同时了解了森林的重要作用。本课将带学生体验大自然。大自然是孩子们最精彩的课堂，置身于大自然，用心感受大自然，这样的经历让学生们包括老师注意到平时忽略了的大自然的美丽和神奇。

（2）与学生讨论、约定进入森林的规则

在进入树林之前，和学生一起讨论约定进入树林的规则。本附录后附有《进入森林的规则》。为保证安全，教师在活动中要不断地提醒学生遵守规则，因为学生们可能会因为开心而忘记。

（3）获得森林之旅体验卡，开始森林体验之旅

每个学生将会获得一张《奇妙的森林之旅体验卡》，并根据卡上的提示探索大自然。学生们需要把看到的、听到的、感受到的，记录下来，记录的方式可以是绘画、描述等。

- 你看到了多少种颜色的自然物？
- 找到了多少种形状的叶子？
- 找到了多少种形状的自然物？（三角形、四边形、五边形、六边形）
- 看到了几种动物？他们在哪里？
- 找一种伪装的动物，它们是如何伪装自己的？

- 听到了几种声音？
- 你知道都是什么自然物发出来的吗？能模仿吗？
- 把耳朵贴在大树干上，听到树在呼吸吗？

- 能闻到几种味道？
- 这些味道都是什么自然物发出来的？

- 摸摸各种树皮，你有什么感觉？
- 把你的纸贴在你最喜欢的树干表面，临摹一张你最喜欢的树皮图案？
- 摸摸各种树叶

- 想到了哪些森林的作用？

▲ 奇妙的森林之旅体验卡

年龄较小的孩子，每一步都需要导师进行引导，即：先感受眼睛，然后小结；再感受听力，接着小结。

年龄较大的孩子，导师可以适当放手让孩子自行体验。

（4）分享自己的感受

活动结束后，教师组织大家分享自己的体验。教师先分享自己的真实感受，来鼓励学生说出自己真实的感受。

（5）描绘你心中最美的大自然

画一幅画来表达自己今天的心情，并为自己的画命名。画的内容可以是景色、植物、动物或者是自己的表情。

（6）小结

总结归纳学生对大自然的感受，突出大自然的美丽。

总结

（1）活动档案

收集学生在教学步骤（3）（5）所完成的作品，并保存在档案夹里。所有活动完成后，这些作品将作为学生成果展示，同时也是项目评估的依据之一。

（2）扩展

对于没有机会组织学生体验的学校，教师也可以将学生分成几个小组，让他们自己回家完成《奇妙的森林之旅体验卡》，但是需要准备专门的时间倾听学生的体验分享。

《进入森林的规则》

在进入森林前，学生需要明白以下这些规则，并牢牢记在心。

●进入森林以前要保持安静，尽可能用手势。因为有很多的动物住在这里，我们的声音会惊扰它们。

●不要采摘任何的植物，也不能捕捉任何的动物，包括小昆虫。

●不要带走任何大自然的物品，哪怕是枯树枝，因为堆积起来的枯叶等将会回归到泥土里作为植物的营养物质，而且它们也可能是某些微小动物的家。

●集中精力用心体会大自然的美丽。

●注意安全，不能走到没有路的地方，或者长满了杂草的地方，保证自己每走一步都是安全的同时，也不打扰其他的动物。

第二单元

自然教育活动

第六章

Chapter 6 | 体验游戏

在《辞海》中是这样为游戏下定义的："以直接获得快感为主要目的，且必须有主体参与互动的活动。"

游戏对未成年人特别是儿童的全面发展起着重要的作用，有利于开发他们的智力和动作的协调性，用玩中学，学中乐的方式进行学习，使他们在不知不觉中得到成长。所以利用游戏来进行自然教育是最有效的也是最受孩子们欢迎的一种方式。因为在真实的自然环境中做游戏，会从与美妙的大自然的互动中获得不一样的感受和快乐。

书中所有的体验游戏都包括：活动对象、活动目标、活动器材、活动场所、活动时间、活动流程、活动评估等环节，这样做将有利于教师和培训者在教学过程中进行实际操作。教师和培训者可根据不同学段学生的需求和自身的教学需要，围绕教学活动主题选择一个或多个游戏来开展活动，让孩子们通过体验式学习，获得直接的自然体验，建立起与自然的深厚友情。

本章中的16个游戏，除一部分是原创外，有些是收集或改写的，将在参考资料中一一列出，在此致以诚挚谢意。

一、自然名串串烧

（一）活动对象

小学及初中低年级学生。

（二）活动目标

（1）熟记每个小伙伴的自然名，拉近彼此的距离，便于接下来活动的开展。
（2）在自然环境中愉快地玩耍，在玩中了解大自然中众多有趣的自然物。

（3）感受大自然的神奇与伟大，使学生们尊重自然、爱护自然。

（三）活动器材

自然名名牌、笔、绳子或者胶带。

（四）活动场地

自然环境中开阔的场地。

（五）活动时间

40 ~ 90分钟。

（六）活动流程

（1）活动开始前，由教师讲解本次游戏的规则。森林中有丰富的自然物，它们可能是蝴蝶、熊猫、松鼠、水杉等生物，也可能是泥土、河流、石头等非生命事物，选择自己喜欢自然物的名字作为自己的自然名。将自然名用笔写在名牌上，贴在胸前或者用绳子系在胸前。

（2）让所有学生围成一圈，从一个学生开始说自然名。例如1号说："我是小猪"，2号说："我是小猪旁边的小花"，3号说："我是小猪旁边的小花旁边的蝴蝶"……依次类推。

（3）一直传到最后一个学生，之后可以再倒序重复一次，以便前面的学生记住后面学生的自然名。在游戏开始前，老师可以尝试着让学生们自告奋勇开始游戏。当学生们熟悉自然名的时候，老师也可以增加难度，可以适当地增加描述性语言。

▲自然名串串烧游戏

（七）活动评估

这是一个具有挑战性的考验学生们记忆力的游戏。自然名作为学生们与大自然的一个联结，学生们在大自然中用自然名串串烧的游戏，重新认识大自然，让学生们在认识身边朋友的同时，也加深了学生们彼此间以及与自然间的联结程度。

二、大风吹

（一）活动对象

小学及初中低年级

（二）活动目的

（1）小伙伴们初次见面，活动可以拉近关系。熟记每个小伙伴的自然名，拉近相互间的距离，又便于接下来活动的开展。

（2）让孩子们在自然中愉快地玩耍，充分发挥孩子的天性，通过玩的方式达到学习以及求知欲的目的。

（3）通过该游戏让孩子们意识到大自然的神奇与伟大，让孩子们尊重自然、爱护自然、保护自然。

（三）活动准备

根据参加活动孩子的人数准备比人数少一把的凳子（比如20人参加活动，准备19把凳子）。

（四）活动场地

一个平坦开阔的场地。

（五）活动时间

30 ~ 60分钟。

（六）活动过程

（1）首先由老师讲解游戏的规则并做出示范：森林里生活着各种各样的生物，又存在着许多非生命的事物。孩子取好自然名以后，坐到提前摆放好的凳子上（凳子尽量摆放得分散，方便孩子们跑动）。

（2）这时候有一个孩子是没有座位的，这个孩子需要站在所有坐着的孩子的中间，作为大自然的风（大自然的风是很神奇的，可以吹走任何事物）。站在中间的孩子这个时候需要大喊一声"大风吹"，坐在凳子上的孩子立马回答"吹什么"。然后站在中间的孩子立刻就要说出一个特征，比如"吹绿色的"，那么坐在凳子上的孩子自然名符合这个特征（比如绿色植物）的就必须跑动起来，抢夺其他的空位置（不可以坐回原来的位置），而自然名不符合这个特征的孩子则坐在原本的位置上，不需要移动。争夺凳子的过程中原本作为大自然的风的孩子也需要参与。

▲"大风吹"游戏场景

（3）这样每次大风吹过都会有一个孩子没有位置，这个孩子需要先做好自我介绍，然后再作为大自然的风进行下一轮游戏。

（七）活动总结

通过这个游戏的深入，让孩子们了解彼此自然名的同时，思考并讨论用什么方法可以最便捷地提问出所有人的特征。

三、感悟自然

（一）活动对象

小学生（中、高年级）以及初中生。

（二）活动目标

（1）走进大自然，感受自然之美。

（2）通过听一听、说一说、画一画、写一写等活动，激活听觉系统，养成聆听的良好习惯，提高感受、辨别、记忆和理解声音的能力。

（3）通过闻一闻、说一说等活动，激活嗅觉系统，激发对大自然的热情和好奇心。

（4）通过看一看、说一说、画一画、猜一猜等活动，激活视觉系统，养成细心观察的好习惯，提高观察和记忆的能力。

（5）通过找一找、摸一摸、猜一猜、走一走等活动，激活触觉系统，提高手部和脚部触觉的能力。

（6）通过小组活动交流，培养同伴间的信任和集体生活意识。

（三）活动器材

蒙眼睛布袋（眼罩）、球鞋（运动鞋）、黑匣子、棉袜、相关的户外防护知识手册、纸笔、搜集一种自己喜欢的鸟叫声。

（四）活动场地

自然环境，公园、学校草坪等。

（五）活动时间

每个活动30 ～ 60分钟。

（六）活动流程

 1 用耳听——听觉

（1）蒙上眼睛
全班以4 ～ 6人为一小组，找到合适的学习地点，蒙上眼睛。
（2）听一听
用耳朵仔细听周围的声音。
（3）说一说
以小组为单位进行交流活动，在组内说一说你听到的声音以及你的内心感受。
（4）画一画
以自己为中心点，把听到的声音在纸上用画一画或写一写的方式记录下来。

例：

3点钟方向听到4声
杜鹃的叫声

观察者自己

▲ 用耳听

2 用鼻闻——嗅觉

（1）闻一闻

教师提前了解学校附近适合户外的公园或大自然场所，着力点在于寻找花香、草香、河水或湖泊的水腥气、泥巴的气息等。

教师带领学生一起去闻一闻不同自然物的味道。

（2）说一说

先分小组说一说自己刚才闻到的

▲用鼻闻

味道，再每组派一名代表，进行全班交流，说一说自己闻到的味道以及心里的感受。

（3）写一写

把你今天闻到的味道和心里的感受写下来，和你的小伙伴分享。

3 用眼看——视觉

（1）看一看

全班以4～6人为一小组，在室外自然环境中，找到合适的学习地点，仔细观察自己眼睛看到的。

（2）说一说

分小组说一说刚才自己观察到的物体的形状和颜色，说一说刚才自己在大自然中观察时印象最深的物体。

（3）画一画

以小组为单位，把刚才自己看

▲用眼看

到的物体尽可能地画出来，要求画出形状和颜色。

（4）看一看

回到室内，教师选取在刚才的观察地点拍摄的一副自然美景图。给全班5分钟时间记忆美景图，每组派一名代表上来比赛，看谁记得的图中的物体最多。

再拿出多张自然被破坏、环境被污染的图，引发思考：为什么会出现这样的现象？怎样改变？

（5）写一写

写一写，如果你是环保卫士，你想怎么做？

4 用手摸 —— 触觉

（1）寻宝

全班以4～6人为一小组，在大自然中寻找不同的物件（石头、树枝、树叶等），要求每组每个人找的物件不一样。

（2）摸一摸

大家席地而坐，把搜集的物件放在每组各自的黑匣子里，每组每人轮流触摸物品，说出它的特征，猜出它的名字，再拿出来大家验证。

（3）猜一猜

教师从每组挑选具有代表性的物品，如粗糙的、光滑的、柔软的、带刺的等物件，放在一个盒子里，每组各派一名代表。

第一组代表从盒子里摸出一物，用"这个物品摸起来滑滑的"这样的语言来描述，请全班同学猜。当猜不出来时，可以再次细致描述，直到猜出为止。

其他组代表依此类推。

（4）走一走

全班所有人脱掉鞋子，穿着棉袜，围成一个圈，顺时针或逆时针在草地上走圈，体会双脚和草地接触的感觉。可

▲ 用手摸

以边走边唱歌，如《相亲相爱一家人》，增加同伴之间的感情。

再脱掉袜子走一圈，再次直接感受。

条件允许时，也可以在有泥巴的地方走走。

（5）享一享

走完圈，全班可以躺在地上，感受阳光的温度、草地的粗糙感，感受大自然带来的惬意。

（七）活动评估

静下心来，我们感受大自然的美。通过本次活动，我们学会了用耳朵去听去感受，学会了用鼻子去感受不同的味道，学会了用眼睛去看到不同的美景，学会了用触觉感受到大自然的奇妙。

（八）活动拓展

在平时的学习生活中，我们要学会倾听他人的声音。在平时课余的时间，我们要乐于用眼睛、用耳朵、用鼻子、用手去感受大自然带给我们的惬意。

四、毛毛虫

（一）活动对象

小学生、初中学生。

（二）活动目标

（1）在蒙眼前提下充分调动其他感官，从其他角度探索与感觉当前的环境与事物。

（2）通过蒙眼游戏，适应大自然，亲近大自然。

（3）通过蒙眼游戏，提高自身观察能力、比较能力和与人交流能力，提高安全意识和保护自然的意识。

（三）活动器材

蒙眼布、运动鞋、纸笔、地垫。

（四）活动场地

自然环境，小学生尽量选择僻静平坦开阔区域，初中学生可以选择略微复杂的地形。

（五）活动时间

40分钟。

（六）活动流程

组合"毛毛虫"

（1）学生分组，5 ~ 8人最佳，以学生年龄和活动场地作为人员调整依据，学生一列站定，就像一只"毛毛虫"。

（2）教师给每个学生发一条蒙眼布，学生蒙住双眼后，两手搭在前一个学生的肩膀上。

（3）两位教师加入队伍，一人在前领队，一人在后压队。

"毛毛虫"的探索之旅（根据学生年龄选择）

（1）起步阶段

教师选择平坦地带让学生们适应蒙眼后走路，并安抚学生激动又兴奋的心情，使他们能在最短的时间内安静地进入体验状态。

（2）探索阶段

当学生们进入体验状态后，教师可以选择往具有多样事物的地方前行，告诉学生们全神贯注地去听、去闻、去感受周围的环境。

（3）深入探索阶段

教师要做有心人，当沿途碰见有趣的东西，像奇形怪状的树、石头、各种芳香的花朵和灌木丛，"毛毛虫"就停下来，教师引导学生用其他感官去体验并思考，路上变化越多越好。要想增加变化可以上坡下坡，沿着干涸的河床行走，或在阳光明媚的树林中进进出出。

▲"毛毛虫"的探索之旅

 3 "毛毛虫"的静思

（1）学生摘掉蒙眼布，取出地垫就地坐下，用纸笔把自己所经过道路时的感受都画出来，听到的、闻到的、摸到的皆可，形式可以是地图，可以是画，只需要尽量把心中所想转化为具体图像。教师尽量不去打扰，充分给予学生静思时间。

（2）教师带领学生们交流沿路所闻、所触、所听。

 4 "毛毛虫"的回家路

师生交流过后，让学生根据所绘地图找到回去的路，加深感官印象。

（七）活动评估

"蒙眼毛毛虫"是一个很能激发孩子想象力的游戏。当他们习惯了用眼睛去迎接新鲜事物时，视觉成为了他们最大的依赖和判断依据，嗅觉、听觉、味觉、触觉渐渐被忽略，原本该有的潜力逐渐被埋藏。当眼睛被蒙上后，孩子们除视觉以外的感官刺激会非常明显，他们必须调动平时很少用的其他感官去听、去触摸、去闻，去适应大自然，去亲近大自然。当视觉恢复后，他们再去观察原本平常的事物时，会多一份别样的感受，以后在观察大自然时就学会了换一种角度。

（八）活动拓展

手绘"毛毛虫"探索之旅地图。

五、我的树

（一）活动对象

小学生。

（二）活动目标

（1）在不用眼睛看的情况下，通过同伴的引导感知周围环境的变化，建立对同伴的信任。

（2）通过"五感"体验法，以及"做一做""画一画"等游戏，初步感知大树，让学生们建立与植物的关系。

（三）活动器材

眼罩、轻质黏土、A4纸和彩色铅笔。

（四）活动场地

自然环境中树木形态比较丰富的平坦而安静的区域。

（五）活动时间

60 ~ 90分钟。

（六）活动流程

 找找"我的树"

（1）让学生们自由组合成两人一组，每个小组发一副眼罩。教师在活动之前，要先介绍户外安全防护知识。

（2）两人中一个人戴眼罩，另一个学生作为小向导带领蒙眼人通过曲折的路线去寻找一棵具有特征的树，即"我的树"。在合作的过程中，用心去感受走过的路。

（3）来到"我的树"跟前，带路的小伙伴可让蒙眼的小伙伴去触摸这棵大树。蒙眼的小伙伴可以从它的底部开始向上触摸，感受一下树干是否光滑；还可以用手去抱一抱，以确定它的粗

▲"我的树"

细；也可以用耳朵去听一听，感受风吹树梢的沙沙声，还可以闻闻树的气味来帮助自己记忆……直到蒙眼的小伙伴认为已经认识了"我的树"就可告诉向导并返回。

（4）小向导带领蒙眼人从原路安全返回到起点，在摘下眼罩以前，原地转3圈。然后，蒙眼的学生借助刚才的记忆去找出"我的树"。

（5）两人互换角色，再次进行实践体验。

 印模"我的树"

（1）所有的学生们回到"我的树"的位置，再次用"五感"去感受"我的树"，和刚才蒙眼时进行感知对比，更进一步认识"我的树"。

（2）在"我的树"下，捡回一些掉落的树叶、花朵或者小树枝。

（3）将黏土均匀地擀成0.7厘米厚的面饼，用尺和刀将面饼切成10厘米左右的小块。

（4）将花朵、叶子或者小树枝按在新鲜的黏土里，留下一个印记。

（5）将花朵、叶子或者小树枝轻轻地揭下来，把印模放到通风处晾干，就可以带回家永久保存。

（6）两人分工合作，实践体验。

▲ 印模"我的树"

 拓印"我的树"

（1）把纸按在或者绑在大树上，拿出一支彩色铅笔，用彩色铅笔在纸上涂色，直到大树的轮廓显现为止，可以尝试用不同颜色的彩色铅笔涂色。

（2）温馨提示：在拓印的时候一定要小心，千万不要伤害到树皮。

（3）两人分工合作进行实践体验。

▲ 拓印"我的树"

（七）活动评估

在"我的树"的活动中，学生通过蒙眼的方式来感知周围的环境，并初步认识了"我的树"。在印模"我的树"和拓印"我的树"的活动中，学生进一步认识了"我的树"，还可以把"我的树"带回家。

（八）活动拓展

与小伙伴们或者爸爸妈妈一起分享游戏，分享"我的树"！

六、寻找种子

（一）活动对象

小学高年级学生、初中生。

（二）活动目标

（1）通过寻找种子这一游戏，认识到大自然中植物的种子繁殖方式的奇妙。

（2）亲近大自然，知道不同植物种子的形态、大小、颜色各不相同，种子的传播方式也不相同。

（3）提高观察能力、比较能力和交流能力，提高安全意识和保护自然的意识。

（三）活动器材

背包、种子收集盒、植物图鉴、绘图铅笔、标签纸、记录卡、镊子、剪子、放大镜、活动场地的地图。

（四）活动场地

自然环境中植被丰富、种类多且没有危险的地方。

（五）活动时间

60分钟。

（六）活动流程

 寻找收集种子

（1）学生分组，4～5人一组，给每组同学发种子采集工具包，包括种子收集盒、植物图鉴、绘图铅笔、标签纸、记录卡、镊子、剪子和放大镜。

（2）摘下来的种子放入种子收集盒中。在收集种子的过程中，爱护种子并做到轻拿轻放，尽量选取成熟的种子，尽量不破坏植物的整体。摘不下来的种子，可以画下来或者拍照记录下来。

（3）观察植物生活区域的特征，观察其生活区域有无动物活动，是否在道路两旁，是否有风吹的痕迹……

用标签纸记录寻找到种子的位置，并贴在种子盒上面。如果在其他位置发现同样的种子，也将位置记录下来。

（4）每位同学收集 1～2 种不同的种子。

▲ 寻找收集种子

 交流寻找的种子

（1）小组内交流各自找到的种子，看一看种子的形状、颜色、大小、有什么不同，说一说找到的种子有什么特征。

（2）对比植物图鉴说一说它们分别是什么植物的种子，将种子的名称记录在记录卡上面。

（3）说一说是在哪里发现种子的。想一想种子的位置与植物分布区域的特征有无联系。讨论一下种子的传播方式，以及判断的依据。

如：芦苇被风吹散，形成大片的芦苇荡，可能是风传播。

如：苍耳粘在衣服上，但是苍耳的植株零散分布，可能是动物体表传播。

如：野大豆，通过扭转的豆皮，猜测它可能像大豆一样，在太阳暴晒后，果荚变老变硬，炸裂开，种子从里面弹射出来，可能是自体机械传播。

如：乌蔹莓，紫蓝色浆果，动物很喜欢吃，植株分布较远，可能被鸟类摄食后随其排泄物传播。

……

▲ 苍耳

（七）活动评估

学生们了解到不会走路的种子可以分布在自然中各个角落，是因为大自然的力量。它们有的借着风的力量，有的借着动物朋友的帮助，有的靠着自己的努力，大家共同协助友好地生长着。

（八）活动拓展

对于我们没有看到种子的植物，它们如何繁殖呢？是否可以根据传播方式给种子们分类？

七、苍耳大作战

（一）活动对象

小学生（低年级）。

（二）活动目标

（1）让学生们去仔细观察，锻炼仔细观察事物的能力以及洞察力，同时引发思考，思考植物为生存还会采取哪些别的手段。

（2）在了解有趣的自然知识的同时，也让学生更多地去体验和感悟自然，去思考在现实生活中是否也有类似的运用。

（3）很多植物都在想尽办法去延续自己的后代，而我们人类为了自身利益往往会去不自觉地破坏它，我们应该思考如何与大自然相处。

（三）活动器材

成熟的苍耳果实。

（四）活动场地

自然环境，室内或户外，根据天气情况而定。

（五）活动时间

30 ～ 60分钟。

（六）活动流程

（1）分组，每组4 ～ 6人，后面的活动均以组为单位进行。

（2）由老师先准备苍耳成熟的果实，给每一位小朋友5分钟的时间去观察，5分钟以后每组分别阐述观察到的苍耳果实特征。

（3）老师将每一组给出的特征总结归纳，最后得到共有特征后再引导学生们去思考和分析为什么会出现这样的特征。

（4）根据苍耳有倒钩刺的特征，让每个小朋友在自己的头发上放一颗苍耳，在不用手的情况下想办法把它弄下来。

（5）面对一颗小小的苍耳，引导小朋友进行思考：为了生存，还有哪些植物进化出了更为奇特的地方呢？

▲ 苍耳大作战

（七）活动评估

自然界中几乎所有的生物都是为了繁衍生存而努力存在的，植物也不例外。在长期的进化过程中，它们总是想方设法地把自己的种子传播到更远的地方去，来保持自己的种族不会灭绝。学生们通过亲眼看、亲手接触苍耳种子的传播过程，更加能够理解这一种子传播机制。

（八）活动拓展

可以用小报的形式呼吁身边的朋友保护大自然。

八、小小蒲公英

（一）活动对象

低年级小学生。

（二）活动目标

（1）通过仔细观察蒲公英的活动，锻炼学生观察事物的能力以及洞察力。

（2）体验和感悟自然，提高保护自然的意识。

（3）通过交流活动，体会植物的智慧在现实生活中的广泛运用。

（三）活动器材

成熟的蒲公英。

（四）活动场地

自然环境，户外或者室内，根据天气情况而定。

（五）活动时间

30 ～ 60分钟。

（六）活动流程

（1）学生分组，每组4 ～ 6人，后面的活动均以组为单位进行。

（2）教师出示提前准备的蒲公英成熟果实，给每一个小组同学5分钟的时间去观察，5分钟以后每组分别阐述观察到的特征。

（3）教师将每组给出的特征总结归纳，最后得到共有特征后再引导学生们去思考和分析为什么会出现这样的特征。

（4）根据蒲公英种子轻的特征，每个小组的同学进行吹蒲公英种子比赛，以种子飞行的距离为准，记录最远飞行距离。

（5）我们都曾观察过蒲公英种子的飞行，但是却很少思考为何会出现这种现象。一颗小小的蒲公英种子，它为什么一定要飞行呢？你是否也有过一些关于"智慧蒲公英"有意思的思考呢？

▲吹蒲公英种子

（七）活动评估

自然界中很多生物为了生存都用尽了一切手段，如果仔细观察，我们会发现很多有意思的地方。在观察的过程中，锻炼了学生们的洞察力以及专注力，而且用小比赛或者小游戏的形式，更能加深对这一现象的印象和理解。

（八）活动拓展

蒲公英是智慧的，还有哪些植物像它一样智慧呢？让我们一起到大自然寻找智慧的植物吧！

九、多种多样的叶

（一）活动对象

小学生（高年级）、初中生。

（二）活动目标

（1）关注植物，提高保护自然的意识。
（2）有目的地拣拾叶片，认识叶的结构，知道叶的不同类型。
（3）描述叶片特征，提高观察能力和表达能力。

（三）活动器材

各种树的叶子、提前规划好的出行路线。

（四）活动场地

自然环境公园或学校环境等。

（五）活动时间

60分钟。

（六）活动流程

带领学生去到公园，一边引导学生观察树木和树叶，一边进行简单地讲解。提醒学生，叶片是植物身体的一部分，在整个活动中只能拣拾从植物上自然脱落下来的叶片，不要从植物上摘下叶片。

1 找不同

　　请同学们在一分钟之内找到两种不同形状的叶片，与自己的好朋友两两结伴，相互从形状、颜色、大小等方面说说叶子的不同。看谁找得又快又准，看谁说得有理有据。

　　教师引导学生积极进行对比，说出树叶的不同之处。

▲找不同

 2 比远近

　　请同学们站在一条直线上，大家一起扔叶子，看谁扔得比较远。手中树叶扔出后飘落得较远的同学获胜，非获胜方需对手中的树叶进行仔细观察，说一说在叶片上发现了什么。

　　教师引导学生发现和认识叶的结构。

▲比远近

 3 大赢家

　　请同学们再去寻找树叶，共找齐5片树叶后，回到教师身边。请同学们两两一组背靠背站好，然后教师说出树叶的一种特征，同学们要从自己的叶子中选出一片最符合这个特征的叶子（如：最大的、最尖的、最软的、最长的……）。游戏开始，教师先说出需要选出的叶子特征，再说"叶子叶子"，同学们说"猜猜猜"，说到最后一个"猜"字的时候两两相背的同学一起转身，两个人比一比谁的叶子最符合那个特征。

▲大赢家

　　此游戏可反复进行5次，每次游戏需变换需要找出的叶子特征，教师进一步引导学生发现树叶的不同特征。

活动结束后，请学生把自己手中的叶子放回到周围的大树下、草丛中，然后高高兴兴地跟教师一起与公园挥手告别。

（七）活动评估

大自然是美的，树叶也是美的，叶子对于同学们而言是熟悉的，但是他们对叶子的结构认识还不够，对叶子存在的多样性认识不全面。本次活动的重点是在游戏中不断引导同学们观察叶子的不同，从而认识叶子的基本结构。本次活动面向的范围较广，对于高年级学生，可介绍叶缘、叶基、叶序、叶脉等，并可以拓展相关知识。但是无论对于哪个年级的学生，最重要的都是要在整个活动中积极引导学生，让学生关注植物，提高保护自然的意识，并通过游戏的创设和参与让学生在游戏中学习到知识。通过有目的地拣拾叶片，认识叶片的结构；通过描述叶片特征，提高学生的观察能力和表达能力。

（八）活动拓展

同学们回到校园后，利用课余时间在校园内拣拾一片自己认为最特别的叶子，将它做成树叶标本。利用做好的树叶标本完成一张以"热爱自然，保护树木"为主题的环保宣传小海报，并将海报张贴在班上的宣传栏。

十、我是谁

（一）活动对象

小学生（低年级）。

（二）活动目标

（1）认识和了解动物的形态、结构特征、生活习性以及它们周围的生存环境。

（2）模仿动物的形态和动作，提高肢体表达和协调能力。

（3）通过模仿游戏，提高自身观察能力、与人交流能力和团队协作能力；提高安全意识和保护自然的意识。

（三）活动器材

动物图片和动物名牌。

（四）活动场地

自然环境公园或者宽敞的室内。

（五）活动时间

60 ～ 90分钟。

（六）活动流程

带领学生到公园，一边引导学生观察陆生或水生动物，一边进行简单地讲解。提醒学生在观察中不大声喧哗，不投喂食物。

 你来猜猜我是谁

（1）学生分组，每小组4 ～ 6人最佳，每组选择一位小导演。

（2）每小组讨论自己小组认为有趣的动物，不要让其他小组的同学知道。然后大家一起扮演动物，每人充当该动物身体的一部分。注意该动物的形态特征和运动特征。

（3）当各个小组都排练好之后，一组一组来展示表演，请其他组同学猜一猜该组扮演的是什么动物。

（4）由表演小组中的小导演负责介绍该小组同学表演的动物的形态、运动和生活环境特征。

▲学生扮演虎纹蛙

 我来猜猜我是谁

（1）学生们围成一个大圆圈，选择一位小志愿者，在他的背后贴上带有动物图片的名牌，然后请他绕场一周，向其他同学展示他是谁，但是他自己不知道自己是谁。

（2）小志愿者站在圆心处，向其他同学询问关于自己身份的问题，比如："我会游泳吗？""我会在天上飞吗？""我喜欢吃草籽吗？"但是不能直接询问"我是什么？""我喜欢吃什么？"其他同学只能回答"对"或者"错"。

▲我来猜猜我是谁

（3）在小志愿者猜测的过程中，如果其他同学不小心将正确答案说出，将会被转身冻结30秒。

（4）当小志愿者猜到答案后，请他大声说出："我猜我是……"如果猜对了，就请同学们掌声表示祝贺。

（七）活动评估

"你来猜猜我是谁"的游戏，让学生通

过小组合作的方式表示出自己喜爱的动物，在此期间提高了学生的肢体表达能力和团队协作能力，同时在模拟动物的过程中，学生会自觉观察动物的形态、结构和动作行为特征。并且在小导演的介绍下，学生们会发现不同的观察小细节，这为下一个参加"我来猜猜我是谁"游戏的学生，提供了众多小问题，这些都是学生们认真观察发现的结果。在第二个游戏中通过学生和小志愿者问与答，充分调动了学生们的积极性。此次活动的两个游戏为以后学生们在观察大自然时提供了多种观察方法和观察目标。

（八）活动拓展

请利用图文结合的方法制作《猜猜我是谁》小考报，以第一人称的手法，用简单的文字介绍自己喜爱的动物的形态特征和生活习性，并用简单的绘画描述该动物生存的环境。将小考报展示在宣传栏上考一考其他同学，看他们是否能猜出来它是谁。

十一、蝙蝠与蛾子

（一）活动对象

小学生（高年级）。

（二）活动目标

（1）通过游戏让学生们了解自然界中部分食物链之间的关系。

（2）了解超声波定位的原理以及现实生活中的一些应用。

（3）通过运用不同的感官，激活学生们的听觉系统，提高感受、辨别、记忆和理解声音的能力。同时在游戏的过程中也可以提高学生们对大自然的兴趣并加深对大自然的热爱。

（三）活动器材

眼罩、运动鞋。

（四）活动场地

自然环境。

（五）活动时间

30 ~ 60分钟。

（六）活动流程

（1）所有的学生围成一个圈，由老师来讲解游戏规则。由一名学生化身成为自然界中的蝙蝠，而剩下的学生都化身成为自然界中的蛾子。

（2）由老师根据蝙蝠超声波定位的原理来解释蝙蝠是如何发现并捕捉蛾子的。蝙蝠飞行路线并不是根据眼睛来确定的，而是根据它发出的一种超声波来确定位置的。这种超声波我们人类是听不见的，但是这种超声波一旦碰到物体就会反射回来被蝙蝠接收到，所以蝙蝠就可以根据超声波来确定蛾子的位置。

（3）老师会给化身为蝙蝠的同学发一个眼罩，蒙住眼睛保证"蝙蝠同学"看不见，然后制定活动规则。即老师说开始以后，所有的"蛾子"在限定范围内都会远离"蝙蝠"，3秒钟后即停止不可以再走动，这个时候"蝙蝠同学"就开始自己抓捕"蛾子"。

（4）在抓捕"蛾子"的过程中，只要"蝙蝠"说一声"蛾子蛾子在哪里"，"蛾子"就要回答"在这里"，此时"蛾子"不可以动，"蝙蝠"会利用听觉来判断"蛾子"的位置，最后慢慢逼近"蛾子"进行抓捕。

（5）最后让学生们感受一下，在没有视觉的情况下，到底需要多久才能抓到一只"蛾子"。教师介绍自然界中蝙蝠捕捉蛾子的时间，学生体会回声定位应用的效果。

▲ 蝙蝠与蛾子

（七）活动评估

自然界中食物链是很普遍存在的现象，而一些动物会利用一些特殊的手段来捕捉自己的猎物。通过类比以及亲身体验的手段来进行蝙蝠捕食蛾子的过程，在让学生们更好地了解食物链的同时，尤其对于高年级的学生来说，更能深刻体会到超声波的原理以及一些应用领域，同时也能激发学生们对于大自然的热爱和兴趣。

（八）活动拓展

查阅生活中还有哪些动物也利用了回声定位。

十二、鸟的迁徙

（一）活动对象

小学二至六年级学生。

（二）活动目标

（1）通过活动，让学生了解大雁的基本身体特征和生活习性。

（2）通过活动，让学生知道大雁是一种迁徙的鸟。

（3）通过活动，让学生了解鸟类在迁徙的过程中总要不断消耗能量，体会鸟类在迁徙过程的艰辛。

（三）活动准备

游戏卡片若干（迁徙中转站状况）、糖果若干（能量点）、笔、记事本。

（四）活动场地

学校环境中的操场或自然环境中的室外草地。

（五）活动时间

60分钟。

（六）活动流程

 热身准备，根据提供的信息猜谜语

（1）我喜欢在浅水里活动。

（2）我们的个体很大。

（3）我的脖子很长。

（4）飞行的时候，我的脖子和双腿都伸直。

（5）在飞行的时候，我们遵守纪律，排成"人"字形。

（谜底：大雁）

 游戏迁徙的大雁

（1）根据场地大小设置起点、若干中转站和终点，每个站点有一名站长（由学生担任）。

（2）学生扮演"大雁"，将全班分成若干小组（以下称"雁群"），由"头雁""老雁""幼雁"组成，每个"雁群"根据学生人数分得若干能量点。

（3）"雁群"分批依次从起点出发，严格按设置好的路径飞行。

（4）当"雁群"到达中转站时，由"头雁"抽取一张游戏卡片，站长按游戏卡上的要求拿掉或发给该"雁群"能量点。

（5）"雁群"到达终点后，把"迁徙"过程中遇到的经历写成故事或日记。

（6）游戏结束后进行讨论，看看每个参加者的最终结局是怎样，从而明白游戏当中蕴含的保护信息。

游戏提示

你是一只在西伯利亚出生的大雁。游戏开始时你有5点能量点。食物能增加你的能量点，但飞行和保暖会消耗能量点。为了维持生命，你必须拥有能量点。如果你的能量点是零的话，你便会死掉。

游戏卡

1.被老鹰捕杀一只，失去5个能量点。

2.天气很差，有强风，头雁领头，失去1个能量点。

3.其他动物的数量多，老鹰已经吃饱了，得到3个能量点。

4.湿地被抽干用于兴建工厂，失去5个能量点。

5.天气很差，有强风，失去2个能量点。

6.天气好，飞行顺利，得到1个能量点。

7.从前觅食的湿地变成了旅游地，失去5个能量点。

8.越过海口，失去4个能量点。

9.码头的扩建令大雁栖息地减少，失去4个能量点。

10.原油污染了湿地，死掉了2只，失去3个能量点。

11.环境保护者抗议在湿地兴建公路，得到3个能量点。

12.放狗、人和观鸟爱好者进入湿地，失去2个能量点。

13.志愿者劝阻放狗、人和观鸟爱好者，减少对鸟的骚扰，得到2个能量点。

14.天气很冷，湿地结了冰，失去2个能量点。

15.禁止湿地开发，得到3个能量点。

16.湿地有人捕捉鱼，失去2个能量点。

17.兴建观鸟屋，得到1个能量点。

18.学校老师教育孩子观鸟而不关鸟，得到2个能量点。

19.到达一块充满食物的好湿地，得到4个能量点。

20.天气尚可，找食物不算困难，得到2个能量点。

21.化学品污染湿地，泥中生物已死，失去5点能量。

22.酒店（宾馆）建在重要湿地，失去4个能量点。

23.湿地上建了一条公路，失去3个能量点。

24.水坝建于湿地上，失去5个能量点。

（七）活动评估

每年的特定时节，成千上万的鸟沿着有规律的、相对固定的路线定时地在繁殖区和越冬区之间进行长距离往返。学生通过游戏，认识到鸟类迁徙是一个漫长而有危险的旅程，激发学生对鸟类的爱护之情。

（八）活动拓展

（1）把游戏中的经历整理成一个小故事，和同学一起分享。

（2）讨论

玩了这个游戏，你有什么感受或想法？

哪些事情对迁徙的鸟有危险，会有哪些后果？

通过这个游戏，你以后准备怎么做（我们应该怎么对待鸟儿）？

十三、水鸟的栖息地

（一）活动对象

小学生。

（二）活动目标

（1）认识游禽和涉禽，了解游禽和涉禽的栖息地对其生存的重要性。

（2）通过活动知道栖息地的丧失会直接影响鸟类的生存，引导学生学会保护湿地。

（三）活动器材

水鸟头饰、绳子、方形地垫。

（四）活动场地

自然环境中开阔平坦区域或宽敞的室内。

（五）活动时间

30分钟。

（六）活动过程

1 区分游禽和涉禽

（1）学生围成一个圈，老师站在圈中心向学生介绍游禽和涉禽。

游禽：喜欢在水中游泳，嘴扁平，脚短，趾间有蹼，多捕食鱼虾和小虫，如天鹅、绿头鸭、鸬鹚、鸳鸯、大雁等。

涉禽：栖于浅水中捕食鱼、虾，嘴、颈和脚都很长，如丹顶鹤、白鹳、苍鹭等。

（2）老师拿出游禽和涉禽头饰，学生来区分游禽和涉禽，答对后获得该头饰。需要两名学生扮演"环境破坏者"。

2 布置区域，开展活动

学生用绳子自由摆出湖泊形状，用方形地垫铺出一块沼泽。老师提醒学生注意湖泊和沼泽间应该有小部分重合。

（1）湿地在消失

戴头饰的学生选择"栖息地"，其他学生进行评价。"游禽"栖息在"湖泊"，"涉禽"栖息在"沼泽"。

▲湿地在消失

两名"环境破坏者"缩紧绳索，抽走地垫，"游禽"和"涉禽"栖息地逐渐变小，学生由最初的各占一地到最后的无处可去。

学生交流：无论是游禽还是涉禽，失去栖息地后，面临的就只有死亡，甚至族群灭绝。

（2）水鸟争生存

学生扮演水鸟，以"湖泊"和"湿地"为中心围成一个圈，老师发口令，学生围着圈匀速行走，老师喊停时，学生要找到适合自己的"栖息地"。

▲水鸟争生存

两名"环境破坏者"缩小绳索范围，抽走地垫，再重复上一个步骤，直至"湖泊"和"沼泽"消失。

学生交流：绳索和地垫区域如同水鸟们栖息的环境，当栖息地被破坏，鸟类们就必须为了生存展开争夺，势必会造成死伤，甚至是族群灭绝。

（七）活动评估

水鸟的栖息地是一个科普性很强的主题，选用传统图片和视频的方式可以让学生直观了解，却不能让他们亲身体验获得感悟。通过两个游戏活动便很好地解决了这个问题，学生佩戴头饰在情境中展开游戏，有很强烈的代入感，仿佛他们就是面临困境的水鸟，他自然而然便懂得应该保护水鸟的栖息地这个道理。

（八）活动拓展

学生交流：人类的哪些行为会破坏鸟类的栖息地。

十四、生命之网

（一）活动对象

小学生、初中学生。

（二）活动目标

（1）了解中心角色与其他成员之间的关系，了解大自然是由多种事物组成的综合体。
（2）了解生态平衡，明白自然环境与人类生存的密切关系。
（3）通过游戏，意识到保护生态环境的重要性，提高环境保护意识。

（三）活动器材

麻绳、手套、软地垫。

（四）活动场地

自然环境或学校环境中平坦开阔场地。

（五）活动时间

60分钟。

（六）活动流程

 1 编织生命之网

（1）学生分组，10人最佳，围站成一个圆圈。老师为活动主持者，站在圈内，将准备好的麻绳捆成小球拿在手里。

（2）活动开始，老师先指定一个学生说出一种当地植物或动物，学生回答后（如：老虎），老师把麻绳球递给回答问题的学生，学生一手握住麻绳球的一端，一手拿着麻绳球，准备传递。老师接着向其他学生提问"这种动物（如：老虎）的生存需要什么？"学生回答（如：山羊），第一个学生将麻绳球递给回答问题的学生，并提醒他把绳子拉紧。老师再向其他学生提问"这种

▲编织"生命之网"

动物（如：山羊）的生存需要什么？"学生回答（如：青草），第二个学生将麻绳球递给回答问题的学生，并提醒他把绳子拉紧。以此持续，直到麻绳球传递完毕，绳子的最后一端被学生握在手中。在回答问题的同时，老师启发学生思维，关注动植物生存的所有因素。

（3）最后，所有学生手中的绳子连在一起，编织成该动物的生命之网。

 破坏生命之网

（1）老师根据学生的一系列回答，创设情境引导学生展开思考，如人类过度开垦，大片的草原变成高楼，代表青草的学生松开手中的绳子，生命之网开始松动。

（2）老师接着创设情境，没有了大片的草原，食草为生的动物们面临食物短缺的境地，它们会怎么样？学生回答，长此以往，部分动物会灭绝，如山羊，此时，代表山羊的学生松开手中的绳子。以此持续，一个一个松手，最终生命之网的所有生物都将消失。

 思考生命之网

师生讨论：

（1）通过生命之网的编织，你能明白什么？动物能生存下去吗？

（2）通过生命之网的破损，你能明白什么？最后的动物还能生存下去吗？

（3）以动物推及地球和人类，若希望地球持续发展、人类继续生存，我们应该怎么做？

（七）活动评估

生命之网是一个深受学生欢迎并富有深层含义的游戏。学生通过生命之网的编织了解生命生存环境的多样性与关联性，再通过生命之网的破坏领会大自然生物链和生物循环的重要性，破坏其一，其余都将受到损害。从游戏中，学生学会保护生

态环境，尊重每一个生命。

（八）活动拓展

选择其他的生物编织生命之网。

十五、食物链

（一）活动对象

小学生高年级。

（二）活动目的

（1）让孩子们了解自然界中的食物链现象，充分地去观察一些自然界中的捕食现象，锻炼孩子的洞察力以及行动能力。

（2）游戏过程中孩子们会充当食物链中的一部分，同时也会让孩子们充分理解这种动物或者植物的生活习性以及环境。

（3）游戏过程中，激发孩子们对大自然的保护与关心。

（三）活动准备

不同角色用的头饰、话剧剧本。

（四）活动场地

生态资源丰富的保护地、学校、公园等。

（五）活动时间

30～60分钟。

（六）活动过程

（1）在老师的带领下，孩子们先围成一个圈，由老师先引导孩子们说出一条食物链。比如小草→蝗虫→青蛙→蛇→老鹰。

（2）以这条食物链的5种生物为角色让孩子们扮演。在这么多的自然角色中，所有的小朋友按照个数平均分配到不同角色中，以20人为例，那么每种角色4人。

（3）让所有的小朋友都回归自己的阵营，演一出食物链话剧，老师来做旁白：森林里面的食物链很稳定地进行着，蝗虫吃小草，青蛙吃蝗虫，蛇吃青蛙，老鹰又吃掉蛇，被吃掉的个体也会很快繁殖出来，各个种群的数量都维持着稳定。突然有一天，人类来到了这片森林，他们发现这片森林里有很多"美味"的青蛙，于是就大肆地捕猎青蛙，随着时间的推移，青蛙越来越少，蝗虫没有了青蛙去吃它们，森林里就爆发了蝗灾；同时由于蛇类缺少了食物来源，个体也在减少，小草和老鹰的数量也在减少，最终美丽的森林被蝗虫啃食成光秃秃的荒漠。

（4）通过食物链话剧的演出，让孩子们思考食物链中任意一环节的重要性。

▲"食物链"游戏

（七）活动总结

自然界中任何一个环节都是必不可少的一部分，通过对食物链的演绎以及各个环节缺失的思考，孩子在观察的同时也会加深对生物以及自然界的理解，通过某一环节缺失的思考更能增强孩子对大自然的保护意识。

十六、捕　　鱼

（一）活动对象

小学高年级学生、初中生。

（二）活动目标

（1）通过活动，让学生明白砍伐树木、捕鱼、打猎都要有节制，让植物和动物正常繁衍。

（2）理解可持续发展的道理，同时产生与自然和谐相处的美好愿景。

（三）活动器材

纸船（即渔船）、盘（即鱼塘）、筷子（即捕鱼工具）、芸豆或纽扣（即鱼）、特制表格。

（四）活动场地

学校环境中的教室内。

（五）活动时间

15秒一轮，3轮为一个回合。

（六）活动流程

 游戏准备

（1）将孩子分成小组，每组4～5人，每组派组长领取1个纸船，1双筷子，15颗芸豆（或纽扣）以及特制的表格（表格附后）。

（2）小组成员为捕鱼者，每组产生一名记分员，外派一名监督员。

 游戏规则

（1）在规定的时间内，捕鱼最多的小组胜。

（2）捕鱼过程中，禁止挪动纸船和盘，筷子将芸豆夹进纸船内有效。

（3）捕鱼过程中，不允许交流讨论。

（4）教师补豆规则：当池塘的鱼（纽扣或芸豆，下同）少于半数时，补池塘中相同数量的芸豆；当池塘的鱼多过半数时，补足15颗芸豆。补豆过程中老师无需解释补豆规则。

（5）当鱼少于半数时，因为鱼的繁殖力有限，所以只能补相同数量的芸豆；当鱼超过半数时，即说明渔民在捕鱼时是有节制的，可持续发展，鱼的繁殖力旺盛，但鱼塘所能养育的鱼量是有限的，所以最多只能补足15颗。

 游戏过程

（1）第一回合游戏开始，记分员手持秒表计时，小组成员A用筷子夹芸豆，时间为15秒，记分员记下豆子的数量。

（2）老师按游戏规则默默补上豆子，游戏者不可发声交流。

（3）游戏开始第二轮，小组成员B用筷子夹芸豆，时间为15秒，计分员记下豆子数量。

（4）老师按游戏规则补上豆子，游戏者不可发声交流。

▲"捕鱼"游戏

（5）游戏开始第三轮，小组成员C用筷子夹芸豆，时间为15秒，计分员记下豆子数量。第一回合游戏结束，计算捕鱼总数量。

（6）可根据游戏效果进行第二、第三回合游戏……

（7）请孩子们说说，用怎样的方法才能保证池塘一直有鱼呢？

附表格：

第_____小组捕鱼收获记载

	第一轮	第二轮	第三轮	合计
第一回合				
第二回合				
第三回合				
总捕鱼量				

（七）活动评估

这个游戏可在不同年龄层次的学生中开展，在人数和游戏时间方面都可以进行弹性设置。关于资源可持续利用，有的学生可能会想到要制定制度约束人类的行为，有的孩子会说出其他一些具体的办法。

（八）活动拓展

学生思考讨论：为什么有的小组鱼塘里一条鱼都没有了，为什么有的小组捕鱼总量那么多，你们发现了老师补豆子的规则吗，这和鱼塘的生命繁衍有什么关系呢？

第七章

Chapter 7 | 自然笔记

一、什么是自然笔记

自然笔记（Nature Journal）起源于欧美。简单来说，就是在真实的自然环境中，对自然物和自然现象充分地感受、观察、理解，进行单次或长期持续的自然记录。自然笔记记录方式有很多种，这取决于记录者的兴趣爱好、教育背景以及合适的记录工具。其中操作性强、图文结合的手绘自然笔记在广大热爱自然的朋友中传播开来，被更多的"自然崇拜者"喜欢并接纳。实践证明，图文结合的手绘自然笔记方式在学校中易传播、易开展、易交流，是校园生态课程最核心的课程。

二、为什么要开展自然笔记活动

1 孩子自身的需要

自然笔记活动是孩子们身心健康的需求。他们能够在更接近自然的过程中，静下心来观察，体验自然的神奇，享受静谧的时光。这种活动能够避免自然缺失症，甚至疗养与心理有关的很多疾病。同时，自然笔记活动能够全面提升学生的各项学习能力，让学生充分自主学习、观察与思考，促进学生们的相互交流。

自然笔记也是孩子们对时间的见证，更是孩子们观察体验周遭自然的见证。

② 社会环境的需要

正如我们需要自然一样，自然也需要我们。需要我们去关注赖以生存的地球，需要我们去关注正在失去颜色的绿水青山。自然笔记活动可以让我们更多地在自然中去思考、去行动。

三、自然笔记的要素及隐藏信息

自然笔记的要素包括：时间、地点、天气、图、文。

这些要素隐藏着千丝万缕的自然信息。

时间：一个时间节点的定点观察，一段时间的持续观察，可能发现什么？通过时间的辨析，寻找它的自然规律、自然现象，充分地为自然笔记的各种信息服务。

地点：它可能隐藏着环境、生态、生物圈信息。

天气：晴雨、物候。

图文：深入观察，画出特征，细致记录。

……

四、如何展开一次自然笔记活动

① 准备出发

便携的工具材料和一颗热爱自然的心。

（1）必备工具：纸、笔。

（2）辅助工具：卷尺、彩色铅笔、颜料、放大镜、观虫镜、手表、温度计、图鉴、驱蚊液等。

② 如何观察

（1）观察对象：植物、动物、岩石、风景……选什么，为什么选，观察这一主题的原因和思考有哪些？对预观察对象的生活习性及资料可有目的地选择了解，也可以尊重自己在大自然中的临时感受。

（2）观察方法：看、闻、摸、拓印、测量等。

看：特征是啥，状态怎样，它周围还有啥？和环境的关系，生态系统，内在的逻辑联系，适应或变化，所思、所悟。

闻：嗅觉是可以随着经验而积累的。我们可以从生活周遭的植物与花朵散发的味道开始认识，并试着辨认不同的生物散发的气味，慢慢地发展到大环境的味道。

摸：是否粗糙，光滑，带刺，泛油。摸也可以带来不一样的观察体验。

拓印：叶子的形状，轻重，颜色。

测量：长短，宽窄，比例，厚度，用手指测量，还是用手掌测量。

……

（3）观察视角：俯瞰、平视、仰视、正视、侧视、环顾、特写、全景、局部、散点等。

在一幅自然笔记的作品中，既可局部观察也可整体观察，既可个体观察也可环境观察；从远到近，从粗到细，从整体到局部、到细节、到微观（放大镜），再从单一的自然物到环境到生态圈……有趣的自然现象，动植物的美及其生存智慧，各种自然物内在联系，万千变化又有迹可循的自然气候以及周而复始的生命历程，等着你去发现、记录、思考、感悟。

（4）观察切入点

对同一自然物、自然现象不同时期的观察。

对同一自然物、自然现象不同角度的观察。

对同一自然物、自然现象不同局部的观察。

对不同自然物、自然现象相互关联的观察。

③ 如何记录

（1）图：图画记录的好坏、是否精美，并不是决定自然笔记是否成功的重要因素，用心完成让自己或他人获得更多自然信息的自然笔记作品，都是精彩的。

要养成亲身观察然后去做自然笔记的习惯。可以从"画照片"或者"仿写"等预备活动开始，但一定要告诉孩子们，在不同的时间，不同的场所，你所观察的自然物会呈现出不一样的状态，你会有不一样的发现。

（2）文：条款式、段落式、或散文、或记叙、或精准的数据分析皆可。

文字表述分为要素记录、标注记录、科学记录、感受记录及叙事记录。通过视觉、听觉、嗅觉、触觉等5种感观观察，记录下你所发现的自然信息，记录下你所产生的自然感受。

要素记录：时间、地点、天气状况等，记录得越具体越好。

标注记录：对自然物的色彩、宽窄、长短等状态进行标注，在遇到某些特定情况无法用文字表达或者描绘有出入时，更是可以用标注的方法进行补充。

科学记录：更深层次的科学思考，用图表、数据、专业名词等进行自然思考与自然记录。

感受记录及叙事记录：记录自然观察过程中，发生的故事、过程，有什么发现，获得了什么心得，拥有什么思考等。

记录过程中，可用表格、放大镜图标、大括号、箭头等辅助记录细节。

五、针对不同年龄段的开展

6岁以下：引导发现一些有趣的自然现象并尝试去思考、解释。如：观察自然物的色彩变化，发现自然物的外形特征，寻找自然物的生物伙伴……

6~12岁：结合学校丰富的各项活动，开展自然笔记专项社团。引导观察细致全面，对发现的现象能准确提出相应的问题，并运用所学的知识对发现的自然现象进行解释。观察科学准确，运用多种测量工具，如尺、温度计、秤等。对细节进行放大描绘，用标尺或尺寸标志实际大小。

12岁以上：引导学生组成自然笔记研究小组，做出专题笔记，主题能与科学知识结合，或结合研学开展。自然笔记的内容能体现出完整的科学探究过程，将自然笔记作为科学探究过程中的记录工具，运用多种测量工具进行科学精准的观测。

现在，我们可以做好准备，走出去，调动你全身的每一根神经，去看，去闻，去听，去摸，去选择，去欣赏，去发问，去学习，去记录，你会有不同的发现……

六、自然笔记常见的创作模式

 1 以作品《灰喜鹊》为例——特写式自然笔记

首先咱们来分析这幅作品的"观察"。第一，解决观察对象：选什么，为什么选？接着是要调动观察方法：看、闻、摸、拓印、测量等。从这位同学的记录，不难看出，他是选择灰喜鹊观察，用到了看、听、估量等方法。其中"看"，这位同学看到了许多细节，看到了灰喜鹊不同的动态。而观察视角、观察切入点，他选择的是同一自然物、自然现象不同动态、不同局部的观察，选择了局部和整体相结合来表现。它们的神态特征、飞翔的姿态、啄食的样子、"嘎儿 嘎儿"的叫声，都被小作者记录和捕捉。

其次，咱们来分析这幅作品的"记录"。这幅作品的记录图文结合。图采用的是彩色铅笔，画了灰喜鹊翅展的样子，画了它啄食等，因为详细的绘图记录，这幅作品极具画面感，有动态对比、大小对比，还有聚散对比，图画这一方面的记录很美。而文字记录方面，首先看这幅作品的要素，时间，2016年11月5日；地点，武汉植物园；天气状况，晴；记录人，因这是一幅比赛作品而被省略。有关这个自然对象，他选用的是段落式的表述，一点点地记录，一点点地说明，然后用箭头、放大镜凸显出来，标注出来，有自己的发现，有自己的感受，有自己的疑问。满满的好奇，相信这也是他做这幅自然笔记的原因呢！

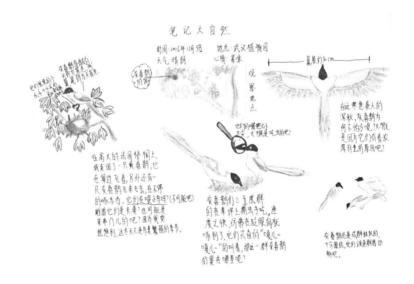

② 以作品《大自然的隐居民》为例——场景式自然笔记

首先咱们来分析这幅作品的"观察"。第一，解决观察对象：选什么，为什么选？很明显，这位同学选的并不是某自然物，而是一种自然场景、自然现象，是这种自然现象给他的感受。接着是要调动观察方法：看、闻、摸、拓印、量等。其中"看"，这位同学选择了整体观察俯瞰和局部观察，水藻、荷叶、小鱼；竹、蜻象、蜗牛；草丛、蝴蝶、蜜蜂，不同植物藏着不同的小昆虫、小生物，趣味盎然。小作者选择的是"大自然的隐居民"，不同场景的自然物，同时居住着地球精灵。这一自然现象，就是有趣的生态圈，就是奇妙的大自然，相互依存，妙不可言。

其次，咱们来分析这幅作品的"记录"。这幅作品的记录图文结合，图采用的依然是彩色铅笔，用俯瞰的方法画了池塘，荷叶大片小片，鱼儿自由自在，然后详细画了树上的小鸟和青虫，草丛里的蝴蝶和蜜蜂……它们的外形、脉纹、色彩都通过图画记录得特征鲜明。而文字记录方面，要素完整，时间，2017年11月7日；地点，武汉植物园；天气状况，晴，8 ～ 13℃；有关自然现象的记录如同表格，每一处附一段记录，方便比照，方便识别。而正是图文的记录，让他有了探秘隐居民的好奇，也便是本幅作品的主题。

③ 以作品《春暖花开》为例——地图式自然笔记

　　首先咱们来分析这幅作品的"观察"。第一，解决观察对象：选什么，为什么选？这位同学采用了边走边看边想的方式。学校的生态路线，也是他的观察路线。在观察的过程中，他关注了学校的树木种类，看到的鸟类、花卉、树木。随着学校的路线，带着所有的观者发现不同的生态圈，趣味满满。

　　其次，咱们来分析这幅作品的"记录"。这幅作品由彩色铅笔绘画，以图文结合形式表现。图中一条流畅的曲线贯穿整张画纸，路的线条比其他物体画得要粗一些，灰色调，很快地吸引了大家的注意，用沿途记录的方法记下了松针、松树、月季花、梧桐叶……而文字记录方面，首先要素完整，时间，6月5日，步行1小时；温度，32度；地点，大学校园。作者有对植物的疑问及思考，方位也原原本本地记了下来，真是一幅感性和理性充分结合的作品。

4　以作品《风信子的生长》为例——连续式自然笔记

首先，咱们来分析这幅作品的"观察"。第一，解决观察对象：选什么，为什么选？作者采用了时间轴进阶式的观察方式。风信子是他的观察主题。12月8日、1月4日、1月28日、2月4日、2月10日，作者在观察的过程中，关注风信子的种根发生的变化，色彩以及动态。进阶式的观察，让作者有了不同发现，非常奇趣的体验。

其次，咱们来分析这幅作品的"记录"。这幅作品的记录图文结合，用了漂亮的彩色铅笔。整个笔记采用散点的布局，从上而下，从左至右。1月2日看到风信子种根的第一次变化，长出小叶子，三叶包合，根须变长；1月28日记录到风信子叶片里面开始长出绿色的花苞；2月4日花苞顶部开始出现红色的裂缝，根须触及瓶底……作者通过时间的推移，观察记录风信子的变化，通过线条色彩理解科学、理解自然。

七、带上纸和笔，走进大自然

也许有一道风景在你眼前你没有珍惜，也许有一处奇趣自然在你身边你没有发现……从现在开始，打开你的眼睛、你的心灵，去关注、欣赏、记录你身边的自然吧！带上你的纸和笔，带上你的细心和耐心，开始一段笔记大自然之旅吧！自然笔记会帮你发现：自然之美无处不在！

第八章
Chapter 8 | 观　鸟

一、什么是观鸟

观鸟，又称作赏鸟，是指在自然环境中利用眼或望远镜工具，借助鸟类图鉴等设备，在不影响野生鸟类正常生活的前提下观察和观赏鸟类的一种活动。

观鸟活动最早在英国和北欧部分国家兴起，至今已有200多年历史。作为一项时尚的户外运动在西方国家十分流行。我国是鸟类资源大国，国境内每年都有众多鸟类迁徙往返，具有良好的观鸟优势。

二、观鸟的意义

鸟是目前存在于自然界中较容易为人类所接近的一类野生动物，是维护生态平衡的重要组成部分，直接反映生态环境质量的细微变化。鸟的形态丰富多彩，活泼好动，通过参与观鸟活动可以进一步亲近自然，放松身心，既能增长知识、锻炼身体，又能宣传保护鸟类、保护环境的观念。

（摄影：裴冀男）

三、观鸟能带给我们什么

第一，观鸟是充满友好的活动。透过望远镜在一定距离外观察鸟类，体现出"尊重生命、敬畏自然"的现代生态伦理观念，表现出对大自然的尊重和赞美。

第二，观鸟以分享发现为目的。很多竞技活动要决出胜负，充满竞争。观鸟则提倡分享发现。互不相识的观鸟者容易相见如故，交流观鸟心得。观鸟者看到新奇的鸟，会把所有信息告诉同伴，与他们分享发现的快乐。

第三，观鸟可接受自然美的熏陶。雄鹰飞翔潇洒自如，太阳鸟羽色五彩缤纷，画眉歌声清脆激越……鸟类是生物进化的艺术品，带给观鸟者感官上和精神上的愉悦。

第四，观鸟是打开自然之门的钥匙。观鸟同时也会听到池沼中的蛙鸣，看见蝴蝶的翩翩舞姿，观鸟者会由此而更想了解大自然。

第五，观鸟是有效的人格教育方式。许多国家将观鸟列为少年儿童的人格教育课程。他们一旦懂得爱护鸟类的常识，就减少打鸟掏窝的不当行为，长大成人后，仍会保持爱心，善待自然。

第六，观鸟可训练敏锐的观察力。面对活泼好动善于藏匿的小鸟，短时间内找出它的位置，观察并记住它的形态特征，确认种类。这样的观鸟过程，可训练出观鸟者侦探般的观察力。

第七，观鸟可以为鸟类科学提供很多有用的科学资料。

四、观鸟活动前的准备

1 明确观鸟注意事项

观鸟是在野外进行的活动，首先要注意出行的安全，最好是有组织地结伴而行。

其次应该选择舒适的衣着。鸟类视觉敏锐，容易被惊扰，在着装上要避免颜色鲜亮衣帽。最后应该保持安静，不要喧哗。

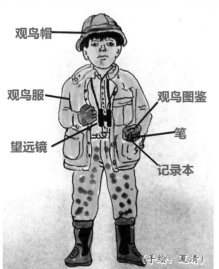

观鸟帽
观鸟服
观鸟图鉴
望远镜
笔
记录本

（手绘：夏清）

拍摄鸟类应采用自然光，尽量不使用闪光灯，尤其是对雏鸟，以免惊吓伤害它们。

观鸟崇尚的是与鸟类接近，前提是尽量不要打扰鸟类，保护它们的生存环境。

更要尊重鸟的生存权，不要采集鸟蛋、捕捉野鸟。

养成做记录的习惯，对自己的观察有所收集整理。

学会使用观鸟工具

▲ 单筒望远镜　　　　　　▲ 双筒望远镜

望远镜是一种通过透镜的光线折射或光线被凹镜反射成像的原理，再经过一个放大目镜而被看到的光学仪器。

望远镜是观鸟人必备的远距离观鸟器材，它能让人们在不打扰鸟儿的情况下，远距离尽情地欣赏它们的美丽。采用望远镜观鸟不仅可以享受直接欣赏的乐趣，也有利于提高观鸟水平。

望远镜成像原理

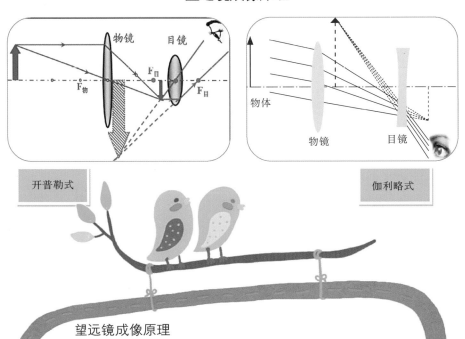

望远镜成像原理

（1）调节目距：调节望远镜两个镜筒之间的距离，直到左右视场合为一个圆视场为止，这时两镜筒的出瞳孔距离便与人眼的两出瞳孔距离一致。

（2）调焦：先闭着右眼，用左眼看出去，转动望远镜的中调机构（手轮或者压板），直到清晰为止；再闭着左眼，用右眼看出去，调节右眼眼罩（可左右慢慢旋转），直到清晰为止。

（3）观察：将望远镜对准观察的目标，慢慢转动中调机构，双眼就能很快地看清楚目标。对于不同距离的目标，只需调节中调机构，就能看清楚目标。

3 了解鸟儿结构

▲鸟儿身体结构

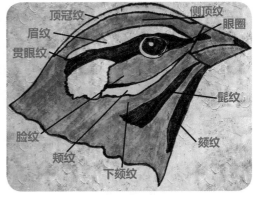

▲鸟儿头部纹理

不同的鸟类，身体具有的不同纹理，就像身份证一样，使用望远镜观察可以帮助我们更加清楚地识别其正确身份，所以观察时要特别注意细节！

五、校园常见鸟类观察

观测校园鸟类是我们开展观鸟入门的有效途径，为了有效地开展校园观鸟活动，开展校园生态小调查十分必要。校园的不同生态中生活着不同的鸟类，它们不那么惧怕人类，是常见的精灵。

1 校园生态环境与常见鸟

树林

白头鹎

后枕白色，俗称"白头翁"。身上橄榄绿色。鸣声多变。

草坪

珠颈斑鸠

体羽灰褐色，颈后有珍珠状白点的黑斑。地面取食，俗称"野鸽子"。

池塘

白鹡鸰

体羽黑白色，活泼可爱。喜水边捕食昆虫，尾巴常上下晃动。

在南方，校园的楼顶及屋檐是喜鹊、燕子常常选择的筑巢地。乌鸦、鹊鸲、麻雀等也是校园里面的常客，早上和傍晚是鸟类活动的高峰期，最容易观测到它们。

 肉眼观鸟可以进行下面两类观察活动

望远镜不会时常带在身边，在其他时间里手边没有望远镜又遇到鸟类的情况下，可以利用肉眼观鸟。

（1）观形

不同鸟类形态各异，大小、长度各不同，学会观形有助于我们提高分辨识别能力。

▲背面

▲飞行

▲侧面

树麻雀

　　常见而活泼的棕褐色小鸟。脸颊具有明显黑色斑块。不惧人。

　　体长：14厘米。

◆你也可以试着画画看。

▲飞行剪影

灰喜鹊

    体小而细长。体羽灰色，顶冠、耳羽及后枕黑色，两翼天蓝色。尾长并呈蓝色。

    体长：35厘米。

◆试着画一画我的剪影吧！

（2）观行

鸟类行为有趣，细心观察会有许多不一样的收获。求偶、繁殖、交流、捕食、争斗等都是我们观察的内容。

家燕

上身蓝色，前额和喉部栗色。尾部分叉。飞行时张着嘴捕食蝇、蚊等各种昆虫。鸣声尖锐而短促。喜在房檐筑巢，巢开口向上，呈平底小碗状。

体长：20 厘米。

▲育雏　　　　　　　　　▲筑巢

乌鸫

杂食性鸟类，食物包括昆虫、蚯蚓、种子和浆果。嘴及眼圈黄色，全身黑至深褐色。喜在草地间活动，叫声多变，有"百舌鸟"之称。

体长：29 厘米。

▲采食

▲育雏

校园观鸟记录表						
鸟名	地点	数量	听到	看到	周围环境	形态特征

六、野外观鸟

通过观察校园鸟类，可以掌握基本的观鸟方法，这时就可以尝试到野外开展观鸟活动了。

野生鸟类活动范围广，不同鸟类的生活环境各有特点，在早上、傍晚鸟类的活动高峰极易观察到它们。

 1 猛禽喜欢乘着上升气流翱翔在山区高空

黑鸢

　　上体暗褐色，下体棕褐色，均具黑褐色羽干纹。尾较长，呈叉状，具宽度相等的黑色和褐色相间排列的横斑。飞翔时左右翼下各有一块大的白斑。

　　体长：54 ～ 69 厘米。

 2 小河旁是水鸲等溪流鸟类长期活动的地方

白顶溪鸲

　　头顶及颈背白色，腰、尾基部及腹部栗色。雄雌同色。亚成鸟体色暗而近褐色，头顶具黑色鳞状斑纹。

　　体长：19 厘米。

③ 村庄附近是麻雀、燕子们的乐园

山麻雀

　　雄鸟上体栗红色，背中央具黑色纵纹，头棕色或淡灰白色，额、喉黑色，其余下体灰白色或灰白色沾黄。雌鸟上体褐色，具宽阔的皮黄白色眉纹，额、喉无黑色。

　　体长：13 ~ 15厘米。

 ④ 树干上啄木鸟在辛勤地劳作

灰头绿啄木鸟

　　上体背部绿色，腰部和尾上覆羽黄绿色，额部和顶部红色，枕部灰色并有黑纹。颊部和颏喉部灰色，髭纹黑色。初级飞羽黑色具有白色横条纹。尾大部为黑色。下体灰绿色。

　　体长：27厘米。

 ⑤ 灌丛为很多小型鸟类提供庇护

棕头鸦雀

　　头顶至上背棕红色，上体余部橄榄褐色，翅红棕色，尾暗褐色。喉、胸粉红色。下体余部淡黄褐色。常栖息于灌丛及林缘地带。

　　体长：12厘米。

6 滩涂和水边草甸是鹬类乐园

大杓鹬

　　体型硕大。嘴甚长而下弯。体羽比白腰杓鹬色深而褐色重，下背及尾褐色，下体皮黄色。飞行时展现的翼下横纹不同于白腰杓鹬的白色。

　　体长：63厘米。

 7 芦苇丛是雁、鸭们的觅食之所

豆雁

　　上体灰褐色或棕褐色，下体污白色。嘴黑褐色，具橘黄色带斑。喜群居，飞行时成有序的队列，有"一"字形、"人"字形等。

　　体长：69～80厘米。

 8 浅水中，鹭类在此捕鱼嬉戏

大白鹭

　　成鸟的夏羽全身乳白色，鸟喙黑色，头有短小羽冠，肩及肩间着生成丛的长蓑羽。冬羽的成鸟背无蓑羽，头无羽冠。虹膜淡黄色。

　　体长：82～98厘米。

值得注意的是，随着季节的变化，一些鸟类会留在原地，一些鸟类会开展迁徙活动。所以，四季观察到的鸟儿也会略有不同。

 留鸟

四季都生活在一个地区，不到远方去的鸟。

戴胜

头、颈、胸淡棕栗色。头顶具凤冠状羽冠；上、下背间有黑色、棕白色、黑褐色3道带斑及一道不完整的白色带斑。嘴形细长。

体长：24 ~ 31厘米。

雉鸡

颈部有白色颈圈；尾羽长而有横斑。雌鸟的羽色暗淡，大都为褐和棕黄色，而杂以黑斑。尾羽也较短。

体长：73 ~ 86厘米。

普通翠鸟

上体浅蓝绿色，头顶布满蓝色细斑。眼下和耳后颈侧白色，体背灰翠蓝色，肩和翅暗绿蓝色，翅上杂有翠蓝色斑。喉部白色，胸部以下呈鲜明的栗棕色。

体长：16厘米。

10 候鸟

随季节有规律地来往于越冬地区和繁殖地区之间的鸟类称为候鸟，有夏候鸟和冬候鸟之分。

（1）夏候鸟

夏季在某地区繁殖，秋季到较暖的地区去过冬，第二年春天再飞回原地区的鸟。

白胸苦恶鸟

上体暗石板灰色，两颊、喉以及胸、腹均为白色，与上体形成黑白分明的对照。下腹和尾下覆羽栗红色。

体长：26～34厘米。

水雉

夏羽的头、颏、喉和前颈白色，后颈金黄色，枕黑色。背、肩棕褐色，具紫色光泽。腰、尾上覆羽和尾黑色。

体长：31～58厘米。

金黄鹂

头金黄色。体羽鲜丽，主要由黄和黑的颜色组合，雌鸟与幼鸟多具条纹。雄性成鸟眼、翼及尾基部黑色，其余为鲜亮黄色。

体长：24厘米。

（2）冬候鸟

冬季在某一地区越冬，次年春季飞往北方繁殖；随着幼鸟长大，正值深秋，它们又飞到平原地区越冬。

反嘴鹬

腿长。眼、额、头、枕、颈上部连成一个黑色帽状斑。颈下部、背、腰、尾上覆羽和整个下体白色。嘴似镰刀一样向上弯曲。

体长：38～45厘米。

灰鹤

体型硕大。颈、脚均长。全身羽毛大都灰色，头顶裸出皮肤鲜红色，眼后至颈侧有一灰白色纵带。脚黑色。

体长：100～120厘米。

黑鹳

体型硕大。嘴长而粗壮。头、颈、脚均甚长，嘴和脚红色。身上的羽毛除胸腹部为纯白色外，其余都是黑色。

体长：100～120厘米。

野生鸟类警觉性高，在观察时切莫高声，在野外，用"时钟法"交流。

"时钟法"向同伴描述鸟儿的位置既简单又明了，只要先找到观测物附近显著的参照物，然后将无形的时钟放到参照物上，时针所指位置的延长线上就是要观察的鸟类。

扇尾沙锥

背部及肩羽褐色，有黑褐色斑纹，羽缘乳黄色，形成明显的肩带。头顶冠纹和眉线乳黄色或黄白色，头侧线和贯眼纹黑褐色。前胸黄褐色，具黑褐色纵斑。腹部灰白色，具黑褐色横斑。次级飞羽具有白色宽后缘，翼下具有白色宽横纹。

体长：27厘米。

▲以大石头为参照物，扇尾沙锥在时钟正两点方向所致的方向不远处

了解了这么多野外观鸟的知识，想必大家已经心痒难耐了吧？别急，准备好装备，咱们这就开始"观鸟之旅"！

- 再次核查野外观鸟装备：笔记本、铅笔、小刀、望远镜、鸟类工具书。
- 具体记录：观察人姓名、观测鸟种类、观鸟日期、时间、地点、栖息环境、天气及光线，鸟的细节描述、习性、行为等。
- 要结伴同行，配备创可贴、万金油、蛇药、通讯设备等。

野外观鸟记录表格

鸟名	地点	数量	听到	看到	周围环境	形态特征

附: 观鸟推荐和链接

冬季是观赏水鸟的最佳季节。我国有许多候鸟越冬栖息地，每年11月到次年3月候鸟群集。

湖北沉湖观白鹳

湖北沉湖湿地自然保护区地处长江中游，江汉平原东缘，武汉市蔡甸区的西南部，于2000年成立。距武汉市中心48千米，是湖北省最大的典型洪泛水湖泊，也是我国距离特大城市最近的一处重要湿地。沉湖自然保护区鸟类133种，其中，湿地水禽84种，占63.2%，国家级重点保护鸟类26种（其中Ⅰ级8种，Ⅱ级18种），列入世界自然保护联盟红皮书名录12种，列入中国濒危动物红皮书名录16种，列入CITES（华盛顿公约）附录19种。其中，东方白鹳、白琵鹭和白头鹤的种群数量超过全球地理种群数量的1%。

江苏盐城观丹顶鹤

江苏盐城湿地珍禽国家级自然保护区位于海滨，丹顶鹤越冬数量多达600只，是我国最大的丹顶鹤越冬地，还有国家Ⅰ、Ⅱ级重点保护动物东方白鹳、黑鹳、金雕、白肩雕、白尾海雕、丹顶鹤、白鹤、白头鹤、灰鹤、黑脸琵鹭、大鸨等。

山东荣成观大天鹅

荣成天鹅湖位于胶东半岛最东端的荣成市成山镇，是中国最大的天鹅越冬栖息地，也是世界四大天鹅湖之一，每年有上万只大天鹅从北方款款飞来，云集在这个海边天然潟湖，嬉戏遨游。国家Ⅰ、Ⅱ级重点保护动物东方白鹳、黑鹳及苍鹭、野鸭、雁、鹤、海鸥等也会来此过冬。

江西婺源观鸳鸯

婺源鸳鸯湖位于江西婺源县赋春镇，原名大塘坞水库，近几年越来越多的鸳鸯到这里越冬，最多可达上千只。婺源首创自然保护小区，最小的保护区只保护着几棵大树。一条白色警戒线将游览区与鸳鸯栖息区划分开，保证鸳鸯和其他一些水鸟在这里安逸越冬。

江西鄱阳湖观白鹤

鄱阳湖被列入国际重要湿地，每年有数十万只候鸟在此越冬，其中白鹤的数量达2 000只左右。江西鄱阳湖国家级自然保护区核心区在永修县吴城镇附近，共有9个湖池，各种鸭雁和天鹅数以千计集群栖息，极其壮观。除了白鹤外，还有白头鹤、白枕鹤、东方白鹳、黑鹳、白琵鹭、小天鹅、鸿雁、白额雁等珍稀大型水禽及大鸨，草滩中还藏身有濒危物种斑背大尾莺等。

黄河三门峡观雁鸥

三门峡黄河库区湿地自然保护区位于河南、陕西、山西3省交界处，也是河南省最大的湿地自然保护地。三门峡库区是水鸟繁殖、越冬的良好栖息地，珍贵、濒危鸟类有天鹅、丹顶鹤、灰鹤、豆雁及野鸭、海鸥等。

爱鸟周时间表

省（市、区）	时间	省（市、区）	时间
北京	4月1—7日	广西	2月22—28日
河北	5月1—7日	云南	4月1—7日
上海	4月4—10日	四川	4月2—8日
浙江	4月4—10日	陕西	4月11—17日
福建	4月11—17日	青海	5月1—7日
山东	4月23—29日	新疆	5月3—8日
湖北	4月1—7日	天津	4月12—18日
广东	4月20—26日	山西	清明节后第一周
辽宁	4月22—28日	江苏	4月20—26日
黑龙江	4月24—30日	河南	4月23—27日
安徽	5月1—7日	内蒙古	5月1—7日
江西	4月1—7日	贵州	3月1—7日
湖南	4月1—7日	甘肃	4月24—30日
吉林	4月22—28日	宁夏	4月1—7日

上海崇明东滩观琵鹭

东滩被列入国际重要湿地，位于上海市崇明岛东端。崇明岛的东部有大片滩涂即为东滩，一条潮沟把滩涂分隔为北片（东旺沙）和南片（团结沙）。东滩曾是我国最大的小天鹅越冬地，在此越冬的小天鹅有3 000～3 500只，但因人为活动太频繁，现在难以见到。目前，东滩有白头鹤来此越冬，数量稳定在100只左右。其他珍贵、濒危鸟类有东方白鹳、黑脸琵鹭、小白额雁、灰鹤、黑鹳、鸳鸯、野鸭类、鸻鹬类、银鸥、红嘴鸥等水鸟。

香港都市观水鸟

香港地处候鸟迁徙路线上，地形地貌丰富，自然保护意识较强，受到许多鸟类儿偏爱。与深圳一河之隔的米埔自然保护区，由红树林、虾塘、鱼塘组成，是国际重要湿地，有300多种鸟，如鸥类、鸭雁类、涉禽类、翠鸟、苇莺等选择米埔为常年或季节性生境地。米埔教育中心附近的一棵大树上竟挂着20多个黄胸织布鸟精心织就的吊巢。在大帽山、沙头角海岸、西贡半岛大浪湾和大屿山等地方，还可以看到军舰鸟。

相关鸟类知识网站

湿地中国网 http://www.shidi.org

中国湿地网 http://www.wetlands.cn

中国动植物保护网 http://www.ipmchina.cn.net

中国生物多样性与自然保护信息网 http://www.nies.org

中国野生动植物网 http://www.wildlife-plant.gov.cn

第九章
Chapter 9 | 夜观动物

一、夜观是什么

夜观，顾名思义就是"夜间观察"的意思，如夜间观察到的动物、植物、星空等事物或现象，本章主要讨论的是夜观动物。

夜观动物是指"在黑夜里寻找动物"。主要观察对象是昆虫，因为大型动物警惕性高，不易见到。而大多数昆虫属于"夜猫子"，天黑后它们的夜生活才刚刚开始，比如隐藏在草丛中合唱的纺织娘、潜伏在树洞里的拟步甲、在树上大摇大摆的独角仙等。

二、为什么要夜观动物

在漆黑的夜里能看到白天看不到的稀有动物，如有些白天在眼前一闪而过的昆虫，在夜间却能够近距离观察。以天目山国家级自然保护区为例，大多的动物白天都隐藏起来，而在夜间墙缝和马路上每隔几步就能见到蚰蜒和鞭蝎。

森林在黑夜里远比白天热闹，白天躲在树洞里的甲虫也会在夜晚大摇大摆出现在树干上相互争斗，池塘里的树蛙也会在夜幕笼罩下求偶交配。

城市中长大的孩子，相对缺少自然体验，夜观能够让孩子们暂时摆脱对舒适圈的依赖，亲身感受黑夜里的各种自然事物，还能带给他们前所未有的自然生命体

验。一次看似寻常的夜观活动，让孩子们充分经历自然观察、黑暗体验、同伴合作、习作表达等过程，从中收获的不只是对动物的认知，更是对生命的理解和敬畏。夜观课，不只是让孩子认识几种动物，更是在孩子们的心中播下一颗与大自然联结的种子！

三、选择路线的原则

 1 安全原则

任何户外活动，安全是第一位的。带队老师要确保路线安全，选择一条熟悉的路线，路线中不能出现大型野生动物且不能过于偏僻。夜观前注意天气变化，若可能下雨需提前准备雨具。

 2 就近原则

夜观路线要选择交通便利、汽车能够直达的地方，最好选在营地周边。

 3 路线长度

路线不宜太长，根据学生的年龄选择路线及夜观时间。夜观时间一般控制在2小时以内。2小时无法返程至营地的路线须慎重选择。路线长度需要重点考虑学生年龄。

 4 保证物种多样性

在保证学生安全的前提下尽量寻找生物种类丰富的地方，增加夜观的趣味性。

 5 考虑季节变化

夜观路线上的物种会随季节的变化而变化。一般最容易观察到动物的季节是夏季，冬季万物凋零，很难观察到小动物。

四、夜观前的准备

 1 工具

（1）手电筒或头灯：夜观的手电筒或者头灯，需要有一定的流明要求，建议在专业的运动购物商店购买。夜观前一天检查手电筒的电量，根据夜观人员数量准备足够的手电筒。手电筒使用时不能照到其他夜观同伴的腰部以上区域，防止刺激他人的眼睛。

（2）捕蛇夹：考虑到夏季夜观时，可能会遇到蛇，所以需要一个老师负责携带捕蛇夹，捕捉路上的蛇确保学员安全，也方便学员观察。

（3）捕虫网：夜晚用到捕虫网的机会不多，老师带一个即可。

（4）抄网：如需观察水中生物，可以带一个抄网。

 夜观的衣着准备

户外夜间气温较低，应根据实际天气增添衣物。夜观不能穿短裤、拖鞋、凉鞋等暴露过多皮肤的衣物。

 知识储备

在夜观前让孩子们简单了解可能遇见的动物，每个夜观地内可能见到的动物不尽相同，可以事先踩点以及查阅当地的物种文献，提前做好准备。

 注意事项

（1）驱蚊：在出发前涂抹驱蚊水和佩戴其他驱蚊装置。

（2）提前踩点：如领队不熟悉夜观的路线须提前踩点，踩点时间尽量接近夜观时间。

（3）紧急情况处理：成立一个2～3人的应急小组，小组成员携带药箱。如有孩子出现崴脚、摔伤等情况，由应急小组处理。

（4）出发前的交代和准备：夜观途中每个小组的成员必须紧跟各小组带队老师。如要触摸路上发现的动物，则须经过带队老师确认无毒后才可触摸。不擅自进入草丛，以免踩到蛇。夜观时不要让学生单独靠近水边，晚上易发生溺水危险，而且水边也是蛇类经常出没的地方。如果遇到蛇、野猪或狗等具有攻击性的动物，不要慌张，保持安全距离，寻求带队老师的帮助。

 老师配置

1个讲解老师，1个安全员，每5个学生配1个辅助队长，有条件的话可以安排1个摄影师。

五、如何开展夜观活动

 如何发现

不同的环境中会有不同的动物出现。有经验的带队老师可以根据夜观的环境预判会出现哪些种类的动物。以天目山国家级自然保护区夏季夜观为例，常见的动物如下：

　　树枝上常见的动物：螳螂、锹甲、马陆、蝉等；

　　草丛里常见的动物：蜗牛、蜘蛛、树蛙、螽斯等；

　　水中常见的动物：蝎蝽、溪蟹、蜷螈等；

　　石缝常见的动物：鞭蝎、蚰蜒、蜈蚣等。

　　马陆经常出现在树根或者长满青苔的树皮上，以腐殖质为食。

　　马陆是节肢动物门倍足纲的一种动物，它们的一大特点是在受到刺激时会蜷缩身体并分泌一种有刺激性的气味。在潮湿的石缝和树干上经常能找到它们。

　　在发现马陆之后由老师判断是否有危险，在确认不是蜈蚣后可以让马陆在学生手上玩接龙游戏，并感受马陆在手上爬过的触感。

　　蜗牛在爬行时会留下痕迹，它们喜欢在潮湿平坦的地面爬行。如果发现它们爬行的痕迹可以追踪它们。

　　蜗牛的外壳比较脆弱，在夜观途中，我们能见到蜗牛大摇大摆地爬行，若是不注意，一不小心就会踩到它们。如果你抓住蜗牛的壳提起它们，蜗牛受到惊扰就会钻进壳里。这时可以记录蜗牛在钻进壳后再次钻出的时间。观察之后将蜗牛放回路边上，以免它被踩到。

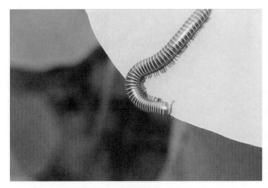

▲马陆

▲蜗牛

▲树蛙

水边的树上和石头上常常能发现树蛙，树蛙受到惊吓会立即跳进水中。如果足够幸运可以捕捉到一只树蛙，尝试让树蛙慢慢爬到手上，它的吸盘能紧紧吸在手上，可以让学生感受树蛙吸盘的触感。

 2 观察方法

（1）看

准备器材：放大镜或显微镜。

视觉是夜观中最重要的知觉，在黑夜中我们依靠手电筒的光来照亮前行的路，我们需要仔细观察，因为动物会在黑夜中伪装自己。带上一些观察工具可以帮助我们更好地观察了解动物，放大镜能够帮助我们观察动物身上细微的结构。如果想认识更微观的世界，则需要用到高倍解剖镜。

（2）听

准备器材：集音器。

夜晚是鸣虫的天下，许多直翅目昆虫如纺织娘等会摩擦自己的翅膀发出声音。利用听觉，可以判断它们所处的位置。如果我们带上集音器，就可以收集到夜晚的声音。在收集声音时，同行的伙伴们需要保持安静。收集到的声音可以重复听，这有助于学生们通过声音辨认夜间的动物。

（3）触：夜观发现的动物我们尽量不要触碰，以免打扰它们。

（4）嗅：夜观时用到嗅觉的机会较少。如果能遇到鞭蝎或者马陆等小动物可以用鼻子闻一闻它们的气味。

 3 记录

夜观时学生可以携带笔记本和相机，记录下所见动物的特征。

 4 采集放归

夜观时做到尽量不打扰动物，观察之后不带走动物。如有需要带回营地观察的动物交由老师暂时保管。观察之后需将动物带回捕捉地点放归大自然。

六、分享总结

返回营地后，回顾本次夜观行程。可以先由学生或老师提问，并以小组讨论的形式回答。

讨论问题后，可以继续观察带回的动物。学生对本次夜观回顾和总结，写自然笔记。

附录　YHC萤火虫花溪农场自然教育课程

《夜观萤火虫》

活动目的

（1）观察了解萤火虫及其形态特征。

（2）了解萤火虫特殊的生存环境。

（3）激发学生对保护生态环境的思考和行动。

活动场地

都江堰YHC萤火虫花溪农场（提前实地勘察、确定路线）。

活动时间

19：00—21：00

所需物品

手电筒、口哨、个人户外服饰（长袖衣物，长裤，户外鞋，背包）、少量干粮和水杯、雨衣、相机、医药包、驱蚊药水、笔和纸、观察卡、头灯、垃圾袋。

（备注：如需露营，提前勘察场地再准备帐篷、睡袋等露营装备。）

活动对象

10～12岁学生，10～15人，配备老师5名（1名主讲师，1名助教，3名安全监督管理人员）。

活动步骤

（1）导入部分：利用歌曲和图片，讲述萤火虫的故事，激发孩子探索夜间萤火虫的兴趣，引出此次活动的目的和观察任务。

（2）强调保持安静、安全夜观的原则、注意事项以及考虑可能遇到的突发状况（如怕黑、摔跤、掉队、没有看到萤火虫怎么办等），约定联络和集合的自然暗号。

（3）按照老师勘察确定的夜观路线，开始本次行程，保持安静，徒步前行。老师分前、中、后安排，全程保护孩子们的安全。

（4）进入观察区，保持安静，等待并耐心观察。

（5）根据记录卡的引导内容，引导学生观察萤火虫形态特征，并做记录（利用头灯现场照明）。

（6）观察结束，携带随身垃圾，原路返回。

（7）营地室内总结讨论夜观的感受，讨论各自观察的内容和收获。

（8）教师总结归纳，对萤火虫的习性特征进行小结，并引申到环境保护的重要性和必要性。

注意事项

（1）物品准备充分，防止蚊虫叮咬。

（2）观察过程中注意安全，保持安静，切勿追逐打闹，安全应急熟练于心。

（3）团队产生的垃圾，装袋随身带走。

（4）不破坏花草树木，不伤害小动物。

（5）没有观察到萤火虫所要进行的心理建设。

观察时间	观察地点
观察路线	
昆虫名称	发现地点
昆虫模样（描绘或描述）	
主要特征	
其他观察	
总结或感悟	

▲"暗夜精灵萤火虫" 夜间观察记录卡

活动图片

活动资料库

（1）形态特征：萤火虫体长0.8厘米左右，身形扁平细长，头较小，体壁和鞘翅较柔软，头部被较大的前胸盖板盖住。雄虫触角较长，有11节，呈扁平丝状或锯齿状。腹部可见腹板6～7节，末端有发光器，可发出荧光。雄虫大多有翅，雌虫无翅，身体比雄虫大，不能飞翔，但荧光比雄虫亮。

（2）栖息环境：萤火虫依其生活环境区分为陆栖和水栖两个大类，陆栖占大多数。陆栖萤火虫幼虫多栖于遮蔽度高、草本植被茂盛、相对湿度高的地方；水栖萤火虫每一虫态都有不同的生态栖位，蛹期在水边度过，成虫则以雄虫及雌虫分别在水上方开阔水域及水边的植物上，卵产于岸边。

（3）活动时间：萤火虫成虫依种类不同，活动的时间也有差异，分日行性和夜行性，夜间活动的种类出现的时间不一，18：00至翌日4：00都有。一般来说，多数种类在日落后开始活动，而且大多在晚上20：00—21：00停止活动。萤火虫幼虫在夜晚出现的时间大抵和成虫相仿，但它们可以整夜活动。

（4）分布：世界上已知萤火虫有2 000多种，分布于热带、亚热带和温带地区。我国约54种，各地皆有分布，尤以南部和东南沿海各地居多。

（5）萤火虫的分类：萤科(Lampyridae)属鞘翅目花萤总科(Coleoptera：Cantharoidea)，迄今为止已经描述8个亚科90多个属，1 900多个种，然而，整个萤科的分类还须重新修订。中国大陆萤科研究较少，种类描述很不完全，主要基于1880—1920年的报道。除胡经甫总结了中国和蒙古的56个种外，尚无深入的记述或修订。据McDermott报道，中国内地萤科纪录100余种。中国台湾萤科分类研究得较多，已记录50余种。

（6）发光原理：萤火虫的发光是生物发光的一种。发光原理是萤火虫有专门的发光细胞，在发光细胞中有两类化学物质，一类被称作荧光素〔在萤火虫中的称为萤火虫荧光素(Firefly luciferin)〕，另一类被称为荧光素酶。荧光素能在荧光素酶的催化下消耗ATP，并与氧气发生反应，反应中产生激发态的氧化荧光素，当氧化荧光素从激发态回到基态时释放出光子。

在萤火虫的腹部下部有着很多白色斑块，其实是它的甲壳中对光透明的部分。在内部有一块白色的膜，可以反射光，所以日间这个部位呈现白色。

（7）发光的生物学意义：成虫利用物种特有的闪光信号来定位并吸引异性，借此完成求偶交配及繁殖的使命，少数萤火虫成虫利用闪光信号进行捕食，还有一种作用是作为警戒信号，即当萤火虫受到刺激时会发出亮光。

（8）食性及捕食：水栖萤火虫的幼虫吃螺类、贝类和水中的小动物，而陆栖的萤火虫幼虫则以蜗牛、蛞蝓为食物。很多人对陆栖萤火虫幼虫捕食行为做了研究，研究发现蜗牛的腹足会分泌一种黏液，只要它爬过地方就会留下痕迹，而陆栖萤火虫幼虫利用自己的嗅觉可以发现蜗牛。在捕食过程中，萤火虫先爬上蜗牛的贝壳，用3对足将其紧紧抓住，尾足也牢牢吸附在蜗牛壳上，然后用它针状的上颚攻击蜗牛的触角并注入麻醉液，直至蜗牛失去知觉。然后它分泌消化液于蜗牛肉上，再用上颚夹肉，使消化液能充分地将肉分解成流状的肉糜，然后再吸入肚子里。吃完之后，有的萤火虫还要用尾足清理自己的身体。萤火虫幼虫取食1次可以几天甚至1个月不进食仍能存活。

水栖萤火虫幼虫则需要在水中完成捕猎过程，然后将猎物拖至岸边慢慢地享用。萤火虫成虫多数种类只喝水或吃花粉和花蜜，或者利用幼虫期贮藏的脂肪。

(9) 趣味知识问答

萤火虫为什么发光？

a.求偶（灭掉周身小型发光器，开启尾部最大发光器，朝天发出光求偶）。

b.警戒（用身体将卵包围，尾部发光器停止发光进行警戒，这是非常独特的保卵行为）。

萤火虫是如何发光的？

是存在于身体上的发光器中的荧光素发生化学反应的过程。

第十章 | Chapter 10 | 自然手工创作

一、什么是自然手工创作

自然手工创作源于自然，美于创意，是自然艺术创作的一种表现形式。大自然是没有围墙的教室，随处都是可以激发孩子兴趣的自然材料。脚下有刚刚踩过的泥土和石块，抬头就能看到大山与蓝天，周围环绕着大树与溪流。在如此丰富具有亲和力的教室里，创造力会自然而然地被激发。更让人惊奇的是，在自然教室中，孩子们表现出优于室内的专注力与热情。孩子们通过从自然中观察、寻找和获得合适的自然材料，结合活动主题来进行手工艺术创作，从中体会大自然的奇妙和美好。

二、为什么要开展自然手工创作

自然手工创作是我们探索求知大自然的一个途径，是促进孩子大脑发育的活动，动手越多孩子们能够学到的东西就越多。

手工能够使孩子的动手能力得到锻炼，也就是思维意识和肌肉运动的协调配合。在学习手工操作的过程中，孩子的动手能力循序渐进地提高，通过做手工能够让孩子更精准地控制自己的动作。

手工活动对孩子的综合能力提高和心理健康维护更加重要。自然手工创作活动能够培养孩子的观察力、创造力、想象力。孩子会在手工的过程中逐渐养成细心观察大自然周围事物的习惯，越来越精准地抓住自然材料的特征。孩子从模仿到创作的手工活动，正是创造力不断提升的过程。在观察现实事物与创造想象事物的过程中，丰富了孩子头脑中的联结，创意正是由此产生的。

手工活动能够培养孩子的自信心和自我认知能力。正确引导孩子动手动脑解决手工活动中遇到的问题，使孩子体验付出后取得的成功，感知自己的能力，增强自信。同时，孩子在活动中更加了解自己与自然界的关系，与自然和谐相处。

三、手工创作活动的种类

 雕塑类活动

（1）枯树枝手作：自然没有废弃物，在自然界中收集素材（枯树枝、枯树叶），制作自然艺术作品。穿插讲解植物生长过程及形态知识，加强孩子创造力、动手能力及审美能力的培养。

（2）鸟巢的艺术：了解鸟类的生活习性，寻找鸟巢，了解鸟巢的结构。在自然界中寻找适合材料，制作鸟巢，给小鸟安个家。

 绘画活动

（1）树叶贴画：在大自然中仔细观察树叶的颜色、形状及脉络，了解不同树叶之间的区别。采集自己需要的树叶，清理干净，按照课程安排完成树叶贴画作品。

（2）植物拓印：走进大自然，寻找不同颜色和形状的叶片，进行简单的叶片分类，说出它们所属的类别。用植物叶片以及颜料完成叶片拓印作品。

 竹材料的手工创作

（1）竹子手作：了解竹子的特点与文化，竹子艺术品的制作特性与方法。利用现成材料或去人工竹林砍竹子，进行竹子艺术创作。

（2）竹子建造师：了解竹子的特性与文化，竹屋建造的连接方法处理。设计竹屋模型图，以小组为单位进行竹屋模型制作，锻炼孩子的创造力及动手能力。

四、如何开展自然手工创作活动

学会观察并合理收集材料，自然手工创作的材料均来自大自然，但并不是自然中所有的物品都能用来制作，可根据手工制作的主题和需要进行适当收集。

在确定自然手工制作主题的前提下，适量地捡拾自然中的原材料，如掉落的树叶、树枝、种子壳、虫壳、石头等，收集干燥且不易破损的自然材料，但不能破坏原有的自然环境。

案例　恐龙枯树枝手作

（1）给孩子们展示用枯树枝制作的恐龙作品，让其了解本次手作课程的主题。了解恐龙的身体结构，让孩子们思考用怎么样的方法、什么样的材料去创作，然后用我们为他们准备好的材料（也可以到自然中收集材料），制作一个一样或同一主题的作品。当然我们也要鼓励学生们用其他的材料进行创作。

（2）与孩子们明确户外的安全和注意事项。

（3）需要准备工具包括大小不一的树枝、树枝剪、木工锉刀、胶水、锯子。指导孩子们如何正确使用工具，区分不同工具的功能，示范工具的正确使用方法。

（4）制作过程中让孩子们了解恐龙的身体结构，提出自己天马行空的想法，老师和孩子们共同探讨作品方案，鼓励并确定作品方案。

（5）进入制作环节，选择材料，使用工具，在老师的帮助下克服遇到的困难。

（6）完成作品，并分享创作的过程和感受，老师给予适当的鼓励。

▲恐龙枯树枝作品，运用了枯树枝及松果

案例　树叶贴画

树叶贴画是根据不同的主题，在自然中寻找不同的树叶，在画板上进行制作。树叶贴画可以是命题式，也可以是自由创作。

（1）给孩子们展示不同的树叶作品，让其了解本次的主题，通过触觉、视觉了解不同树叶的结构、颜色及脉络等。到自然中寻找合适的树叶，进行树叶贴画制作。

（2）与孩子们明确户外的安全和注意事项。

（3）需要准备的工具包括树叶、胶水、剪刀、颜料、画笔。指导孩子们如何正确使用工具，区分不同工具的功能，示范工具的正确使用方法。

（4）制作过程中，让孩子们先了解树叶的颜色、形状并提出自己天马行空的想法，老师和孩子们共同探讨作品方案，鼓励并确定作品方案。

（5）制作有两种方式，一种是用剪刀将树叶剪出需要的图形，再用胶水拼成动物形状或场景，粘贴在画纸或画板上；另一种是将树叶背面涂上合适的颜色，拓印在画纸或画板上。

（6）完成作品，并分享创作的过程和感受，老师给予适当的鼓励。

▲ 树叶贴画——拓印的方式

注意事项

（1）外出时候的安全事项

①提前了解进行收集自然材料的场域，评估场域安全性。

②提醒学生不要轻易进入草丛，须在老师规定场所进行收集。

③提醒学生户外遇到动物不要轻易靠近及触摸。

（2）工具的正确使用方法

①剪刀的使用：适用于树叶、细小树枝等细薄材料，使用时避免误伤。

②锯子的使用：适用于粗一些的树枝、竹子等较粗且硬的材料，使用时必须佩戴手套，需与他人保持一定距离，避免误伤。

③胶枪的使用：用于粘贴自然材料，使用时必须佩戴手套，胶枪粘贴须加热，不能随意触碰，避免误伤。

所有工具使用须在老师的指导下进行，工具根据自然手工制作需求进行选择。

作品展示

▲ 枯树枝手作作品展示

▲ 树叶贴画作品展示

第十一章
Chapter 11 | 自然研学、夏（冬）令营、亲子游

一、什么是自然研学、夏（冬）令营、亲子游

自然研学是行走在大自然中、动态的课堂。研学前活动组织者需要确定主题，让学生了解主题与学科课程的联系点，让学生收集与主题相关的资料，制定研学活动计划（预案），编写研学活动手册。研学过程中，学生在自然环境中完成研学任务（观察、实践、体验、交流、记录、思考），最后进行成果分享与汇报。

夏（冬）令营是在暑假（寒假）期间提供给儿童及青少年的一套受监管的活动，具有一定的教育意义。

亲子游是家长带着小孩一起旅行，以亲子关系为基础，建构良好的亲子互动关系，实施亲情影响的有目的、有计划的教育旅行活动。

自然研学、夏（冬）令营、亲子游的共同点都是基于真实的自然生态环境来开展活动，参与者能从活动体验中感受自然，亲近自然。

二、如何开展自然研学、夏（冬）令营、亲子游

 ① 活动资源

利用评估表明确活动资源。

活动资源状况评估表

活动场地名称		活动场地位置	
活动场地描述			
气候条件			
地质地貌			
动物资源			
植物资源			
人文环境			
场所设施			

 活动对象及特点

（1）自然研学：以学校为单位，学生独立，人数较多，1～3天。

（2）夏（冬）令营：公开招募或以学校为单位，学生独立，5～7天。

（3）亲子游：以家庭为单位，亲子互动，1～2天。

 活动主题

（1）自然研学：根据学生不同学段的年龄、知识、心理特点来设计，要强调与学校学科课程的联系。

（2）夏（冬）令营：以自然生态资源为主，如：自然科学营、野外探索、自然艺术营。

（3）亲子游：以亲子团队兴趣为主，如以自然艺术为主题的活动或者以科学探索为主题的活动等。

 活动形式

（1）自然研学：应有一个主题，围绕主题来开展探究活动。

 探究植物王国——中国科学院武汉植物园"植物科学"专题营

活动设计思路

本次研学活动以探究植物王国——植物科学为主题，根据这个主题，设计了一系列的相关探究课程，设计这些课程的思路一般为从当期主题入手，绘制思维导图，根据思维导图的各个分支进行活动设计。比如探究植物王国——植物科学这个主题，可以分解出植物分类、植物试验、植物与环境的关系、植物与动物的关系、植物学家等，根据这些知识点结合所拥有的活动资源，设计出课程方案。

活动安排

时间		活动内容
第一天	8:30—9:30	植物园概况和活动整体介绍：植物园及研学活动课程的整体介绍。学生了解植物园历史及目前的整体情况，清楚研学目标的信息。为研学课程顺利开展打好基础
	9:30—11:30	专类园和实验室参观：能源植物、药用植物、入侵植物等专类园参观学习。了解植物的分类及价值，实验室参观学习，动手制作切片，学会使用显微镜观察植物
	14:00—16:30	水生植物的适应性：观察认识水生植物，了解其根、茎、叶、果实等器官为适应水生环境而产生的变异
第二天	8:30—16:30	植物学家日志——做一天植物学家：学生体验科学研究的过程，通过实地调查研究，得到可信的结论，并提出新的问题，做一天的植物学家，让学生爱上植物，爱上植物研究
第三天	8:30—10:00	鸟类观测：在植物园内，利用望远镜、鸟类图鉴等设备在不影响野生鸟类正常活动的前提下观察和欣赏鸟类。学生了解学习生态知识，增强环保意识，提高自身科学素养
	10:00—14:00	准备小组报告：报告可以涵盖专题营所有主题，也可以只汇报"植物学家日志"单一主题，或者以"植物学日志"主题为主，其他主题为辅。内容可涉及研学期间的心得体会、探究发现等。调查越接近科学研究，提出的问题越新颖有趣，调查越真实准确，得分越高
	14:30—17:00	小组报告：小组分享汇报研学报告，老师点评提出意见

▲"植物科学"专题营活动现场

（2）夏（冬）令营：围绕主题设计系列小活动。

案例 天目山自然体验夏令营活动

活动设计思路

根据自然体验主题，设计了昆虫手作、森林运动会、寻找动物的痕迹、自然笔记、博物馆奇妙之旅、植物书签6项主题系列课程。在课程安排方面注意课程类型的动、静结合，课程的地点选择尽量在可控管理范围内，这样才能保障参与者的安全。

活动安排

时间	上午	下午	晚上
第一天	开营/大地之野自然学校介绍/基地安全规则/寝室分配	自然名及游戏/营地周边熟悉/野外安全规则/课程导入	迎新晚会
第二天	昆虫手作	森林运动会	日记/夜观
第三天	寻找动物的痕迹	自然笔记	日记/甲虫纪录片观赏
第四天	博物馆奇妙之旅	植物书签	日记/露营
第五天	闭营/分享		

课程简介

（1）昆虫手作

利用自然材料（树枝、树叶等），发挥想象力、动手力，制作出指定昆虫的模型。

（2）森林运动会

利用自然元素或道具设置运动会项目（过独木桥、盲径、弹石头、绳子相扑），发挥运动能力，享受森林运动会。

▲昆虫手作

（3）寻找动物的痕迹

寻找森林里的动物，利用观察盒用心观察并填写调查表。

▲森林运动会

▲寻找动物的痕迹

（4）自然笔记

自然笔记是通过绘画、文字的形式将感知到的自然物、自然场景进行记录，是所有人都可以用来亲近自然的方式，无论你是否有扎实的绘画功底。自然笔记的几个要素有：时间、地点、天气状况；观察到的实物以及自己的所思所想，眼睛看到的、耳朵听到的、鼻子闻到的、手指摸到的、心里想到的；记录者的信息，如学校、年级、班级以及自己的姓名或自然名等。

（5）博物馆奇妙之旅

了解天目山形成的历史，进行珍稀动植物的考察，完成调查任务。

（6）植物书签

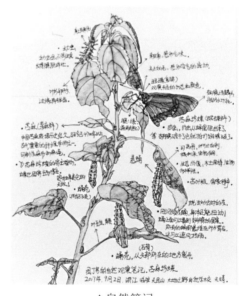

▲自然笔记

寻找植物、烘干、压制、形成标本，设计粘贴制作植物书签。

▲博物馆奇妙之旅

▲植物书签

（3）亲子游：以自然体验为主。

案例 浙西野外探索亲子游活动

活动设计思路

亲子游活动一般要根据参与者的兴趣结合自然体验进行设计。本次浙西野外探索活动，由于参与者喜欢户外探索，有冒险精神，所以安排了高山徒步、露营、野餐会的课程。因为是亲子家庭参与，在活动中，我们需要优先考虑大人和小孩都能参加的课程，课程中心不能过于偏重一方，这样另一方的活动体验感会比较差。

活动安排

时间	课程	地点
第一天		
10:00—11:00	到达浙西农家，互相熟悉（自然名）	浙西农家
11:00—13:00	休息，午餐	浙西农家
13:00—16:30	纪录片赏析（保护站章站长拍摄），高山徒步（山林、高山草甸、天池河滩），梅花鹿喂食	浙西天池
17:00—20:00	搭帐篷，晚餐，星空会，露营	浙西天池
第二天		
08:00—09:00	早餐	浙西天池
9:00—13:00	峡谷野餐会	浙西峡谷
13:30	结束返程	浙西峡谷

▲搭帐篷

▲峡谷野餐会

三、自然研学、夏（冬）令营、亲子游的注意事项

 1 行前准备

（1）知识准备：关于相关活动所需要掌握的知识，提前告知参与活动者进行准备。

（2）物品准备

证件类：有效身份证件，学生证；

衣物类：根据活动气候进行相关准备；

日常用品类：水杯，手帕纸，雨衣或雨伞，钱包（零钱与证件）；

医用药品类：晕车药，腹泻药，创可贴，个人所需药品。

 2 安全保障

任何时间（尤其是夜间），未经带队老师许可，营员不得擅自离队活动。

解散前要了解清楚集合时间地点，并在规定时间内返回集合地。

户外学习时要注意沟壑、台阶等存在安全隐患的地方，不乱跑乱跳，不与同伴打闹。

请按照行程安排统一就餐，如需自行购买食品和饮料，请提前向老师咨询。

老师和工作人员会提前分配好酒店房间，请服从安排，有序入住。老师会在每天就寝前查房。

随团队学习时请紧跟团队，如走失，请电话联系带队老师，站在原处等老师回来寻找。任何一次场景变换，带队老师都会清点人数，保证所有营员到齐后方能进行下一步活动。

为每位参营学生和带队老师办理个人意外险。

 3 财产安全

妥善保管随身行李物品，防止财物丢失。

行李物品过安检时，要注意清点行李数量。

晚上休息时锁好房门，保管好房卡或钥匙。

随时检查行李物品是否收拾整齐。

在游人较多的地点将贵重物品贴身保管，谨防被窃或遗失。

 4 应急措施

熟记工作人员联系方式。如果发现人员走失，工作人员会安排专人等待并报警寻找。

　　如果发生意外伤病，工作人员会及时进行医疗处理，达到送医条件的及时送医。

　　如果发生行李或贵重物品损坏、丢失、被窃，交通或人身伤害等事故，工作人员将以保证学生安全为第一原则，及时报失或报警，并在事后向有关部门、酒店、保险公司索赔。

　　如果在保护地里做活动，请注意保护区的规章制度，严禁一切跟保护地规范相违背的课程，比如攀树、生火等课程。即便在保护地范围外的其他区域，涉及生火等课程，也一定要注意生活安全等问题。

附录　北京第二外国语学院附属中学研学活动

　　2016年1月23日，北京第二外国语学院附属中学（以下简称北二外附中）师生一行29人到广西崇左白头叶猴国家级自然保护区（以下简称白头叶猴保护区，保护区）开展为期5天的自然教育体验活动。根据同学们年龄、活动时间、白头叶猴活动规律及崇左当地气候，我们为同学们设置"白头叶猴监测及其栖息地调查""记录广西喀斯特地理地貌及动植物资源的特

▲白头叶猴

点""保护区与当地社区之间的关系"和"南北区域不同文化风俗之间的交流与碰撞"4大主题。分成4个小组，引导同学们利用生物学、化学、地理学、社会学等知识，每天根据自己观猴、观察植物及喀斯特地貌，体验壮族文化，感受生态魅力等实践活动，完成既定的探究主题日志和感悟。

　　第一天：同学们在白头叶猴保护区工作人员的带领下，深入甘蔗基地，亲身实地看到了不同的蔗糖型甘蔗品种，了解到现代化技术下，甘蔗是如何种植和收获的，并了解到蔗糖是如何在化学的方法下

▲北二外附中师生参观甘蔗基地

一步步变成美味的白糖的。同时，还了解到甘蔗除了制糖还能通过发酵等方式衍生出其他产品，如朗姆酒等。一天的行程加深了同学们对生物学、化学知识的了解，这些都让同学们倍感新奇。

第二天：同学们正式进入白头叶猴保护区开展体验活动。一大早，同学们冒着严寒，在白头叶猴保护区工作人员的带领下，深入白头叶猴保护区岜盆片区，

实地观看白头叶猴。并根据生物学知识（动物分类）认真填写保护区设置的白头叶猴监测表格，记录猴群活动规律。随后在保护区人员带领下，同学们进入纯天然喀斯特溶洞。在溶洞内，保护区工作人员细心地给同学们介绍喀斯特溶洞形成过程，钟乳石石柱和石笋形成和变化等

▲ 保护区工作人员给师生介绍喀斯特石洞成因及生物

地理知识，并给大家普及洞穴生物与外界生物区别。同时，由于溶洞内冬暖夏凉，也让同学们实地感受到不同区域内小气候对于生物生存的影响。同学们均受益匪浅，也对生态学这一学科知识有了初步了解。

第三天：早上6点30分，师生们再次出发，驱车前往了白头叶猴保护区的另一个片区——板利片区。同学们在白头叶猴保护区工作人员的带领下，根据前一天保护区人员教授的生物学知识，利用望远镜、照相机观察并记录了白头叶猴出

洞觅食情况。在观察白头叶猴时，专家还与同学们就岜盆片区与板利片区白头叶猴食物及栖息地地况、分布的不同进行了交流和分析，并教同学们如何设置简单科研监测课题。随后同学们还参与了"种下纪念树，幸福一群猴"活动，在白头叶猴栖息地内亲手为白头叶猴种下食源

▲ 北二外附中师生野外观测白头叶猴

植物，为恢复白头叶猴栖息地贡献自己力量。不仅如此，同学们还在保护区工作人员协助下一起做植物样方，了解如何测算保护区植物数量，寻找并认知白头叶猴食源植物。

▲北二外附中师生野外学习测样方

▲北二外附中师生为白头叶猴种下食源植物

　　中午休息之际，师生们返回保护区白头叶猴大讲堂。保护区工作人员利用多媒体与各位学生分享白头叶猴的科普知识及保护区相关保护措施。在课上，专家一一解答同学们在观看白头叶猴时存在的疑问。下午活动结束后，同学们都纷纷通过白头叶猴邮箱邮寄白头叶猴明信片给亲人，送去猴年祝福。

▲北二外附中师生邮寄白头叶猴明信片

　　第四天：北二外附中师生冒着大雨来到白头叶猴保护区驮逐片区，跟着保护区工作人员一起巡山、安装红外线，寻找白头叶猴近亲黑叶猴，了解认知白头叶猴身边其他可爱的"小伙伴"。虽然天下着雨，但依旧无法浇灭同学们亲近自然的热情，同时他们体会到了保护区一线工作人员的辛苦。在结束翻山越岭的行程，同学回村进入保护区内周边社区村民家中，与当地村民一起自己动手，做起了彩色糯米饭。在亲身体验一把当地壮族文化同时，也与周边村民和青少年就白头叶猴保护与当地村庄发展进行交流，并分享对于南北文化不同所发生的有趣故事。

▲北二外附中师生学习安装红外线相机　　　▲北二外附中师生亲手制作彩色糯米饭

　　行程最后一天：北二外附中同学们根据保护区工作人员设置的研学主题，在白头叶猴保护区管理局汇报总结各自的研学主题成果，并分享对崇左生态自然之美的感悟。总结会上，中国野生动物保护协会和白头叶猴保护区管理局共同为学生颁发优秀证书，并赠送精美的纪念品，还与同学们一起高唱白头叶猴主题曲《请到左江看国宝》。临回北京前，同学们都依依不舍，也留下了许多对于保护区和白头叶猴美好的回忆和感悟。

▲北二外附中同学们汇报各自研学主题报告　　▲北二外附中同学们与保护区人员合唱歌曲

第三单元
学校如何开展自然教育

第十二章
Chapter 12 | 校内自然教育资源的利用

一、校内自然教育资源的定义

校内自然教育资源是指校园自然教育场地内的植物、动物、局部气候和自然现象。校内自然教育场地是花园、草坪、种植园、果园、自然小径、气象站等。

二、利用校内自然资源的意义

利用校园内自然资源开展自然教育，能帮助儿童与青少年重建与自然的联系，倡导绿色健康的生活方式，传播保护自然，尊重自然，顺应自然的生态文明理念。

利用校园内自然资源开展自然教育，是学校德育、综合实践活动和科学探究活动的需要。自然教育能提升参与者的直接体验，增进参与者对自然的了解与感受，培养参与者对自然的喜爱与欣赏之情，并在其中学会感恩，学会合作，尊重生命，敬畏万物。

利用校园内自然资源开展自然教育，符合学生的认知规律。自然体验活动能开阔学生的视野，让学生有了在课堂上得不到的多种学习体验。自然体验和探究活动能培养学生严谨的科学态度和热爱科学、热爱动植物、热爱学校的情感，从而增进学生的社会责任感，锻炼学生的意志与毅力，增强学生的自信心，提高学生的创新动手能力。

利用校园自然资源开展自然教育，有利于推动学校的特色教育品牌建设。

三、校内自然资源和场地的建设

建设校内自然资源和场地要结合学校环境整体布局，要考虑学生的实践性和学生活动中的安全性。具体可从以下几个方面入手。

1　利用现有的校内自然资源升级改建

　　植物作为构成自然互动场地的主要元素，是自然认知活动得以开展的物质基础之一。在升级改建中最简单易行的就是植物的补栽增种。儿童是校园内活动的主体，在补栽增种的过程中要注意安全。校园植物的选择，第一，应该避免有毒植物、有刺植物、有飞絮植物、浆果植物和易招致病虫害的植物。第二，重视植物的色彩性，让色彩点亮校园，使儿童随着色彩的变化体验"四季皆有景、四季景不同"的自然之美，从而使他们感受季节的变迁，体验自然的美好。第三，追求科学性与文化性的统一。通过艺术构图展现植物群体与个体的特征以增强空间的感染力。第四，注重植物的趣味性。种植一些可食用的、芳香的植物，给孩子们带来丰富的五感体验，并在认知自然的场所里提供儿童采摘的空间，让其体会收获的乐趣。第五，尽量丰富植物的种类。补种一些低等的苔藓植物和蕨类植物，使校园植物初步具有从低等到高等的一个层次；尽量将科学课和语文课中涉的植物都补齐，方便学生们理解课堂内容；搭配一些中国传统名花名树，便于孩子们学习传统文化知识及各种咏物的文章和诗词。第六，注意本土植物的种植和培育。利用这些植物开展"植物认领""植物生长记录"等课程活动，在一定程度上提升学生与自然资源的互动性，带动学生对自然认知的积极性。

2　利用学校共建单位的资源共建

　　学校与共建单位是互惠互利的关系，共建单位对学校的工作是非常支持的。学校应充分了解周边共建单位的教育资源情况并加以利用。如：武汉市洪山区南望山小学与湖北省气象局共建校园气象站，30年时间更新4代。2014年"童眼看天气"气象观测站全面升级，成为武汉市唯一一个全自动六要素观测站，另有百叶箱、雨量器、手持风速风向测量仪等设施。在气象站周围，展出了13块气象科普展板。学生们每天进行2次观测并记录，数据自动上传至省气象预报

中心数据库。校园气象站可以让学生以"气象观测"为根基，以"气象科技活动"为载体，以"科学探究"为平台，在观测站里去认识气象现象，学习气象知识，参与气象科技实践，掌握基本的气象科学知识和技能。

　结合学校现有资源适当增建

　　南京小行幼儿园有燕子筑巢，学校在一处燕子窝上安置了摄像头，记录燕子生活生长过程。孩子们通过视频图像观看到小燕子的日常活动，可以了解燕子的习性，同时激发他们爱燕子、保护燕子的情感，在日常生活中体验大自然的乐趣。

　配合学校传统项目合理设置

　　武汉市华中里小学湿地保护教育是该校的传统项目，该校在校园和屋顶各建立了小型的湿地生态园，种植了芦苇、荷花、菖蒲等湿地植物，起到了很好的美化和教育效果。武汉市洪山高级中学利用捐赠的蝴蝶标本建立了蝴蝶馆，开发相应的校本教材《飞舞的花朵》，对学生进行生态、人文、美学的综合教育。

四、校内自然教育资源和场地的利用

　　校园自然资源和场地只有利用起来才能发挥育人的功能，培养和发展学生的多种情感和能力，丰富自然教育课程资源。

　开展种植活动

　　利用学校空地开展种植活动，学生摇身一变就成了"小园丁"，拿上铲子、洒水壶亲自体验种植小麦、油菜花的酸甜苦辣。在体验种植的过程中他们明白，大自然是一个循环的过程。植物生长需要水，需要精心呵护，他们会更加节约用水，同时珍惜每一粒粮食。

　开展自然体验活动

　　在植物区开辟自然小径，学生行走其间，通过摸一摸、看一看、闻一闻等形式认识植物，观察植物的生长。在其间开展自然体验游戏，让学生认识自然，学会合

作，敬畏生命。

 开展校园物候观察活动

　　让儿童去观测、探究、发现、描述校园内动植物的生长、发育、活动规律，学生采用多种形式去展示他们的发现，从而提高学生的观察能力、科学素养、人文底蕴，丰富学生的校园生活。如：武汉市洪山区南望山小学开展物候观察活动，观察天气变化，记录气温及植物生长的变化，通过数据比对，了解植物每一个生长的细微变化与气温的关系。经过一年的观察，学生编写出植物生长时光轴。

2016年南望山小学植物生长时光轴

（季节/节气：春季：立春 雨水 惊蛰 春分 清明 谷雨；夏季：立夏 小满 芒种 夏至 小暑 大暑；秋季：立秋 处暑 白露 秋分 寒露 霜降；冬季：立冬 小雪 大雪 冬至 小寒 大寒）

植物名称	立春	雨水	惊蛰	春分	清明	谷雨	立夏	小满	芒种	夏至	小暑	大暑	立秋	处暑	白露	秋分	寒露	霜降	立冬	小雪	大雪	冬至	小寒	大寒
秤锤树（落叶小乔木）	长叶苞	出芽期、出叶芽		新叶芽、花芽（花蕾）	4月3日第一朵小白花	盛花期50%～100%，4月30日最后一朵花凋谢	果实种子初生长（很多小秤锤果）		果实种子成熟期，越来越硬，叶子很亮绿				果实种子脱落、传播		叶子的枯黄期、干燥、脱落				最后一片落叶		秃枝、休眠期			
深山含笑（常青乔木）	出叶芽和花芽		3月6日第一朵白花	盛花期，有38朵开（50%），至100%，花很香	叶芽（月牙形、4厘米长）、展新叶，4月2日凋落最后一朵花		果实种子初生长		果实种子成熟期（一束有8、9颗，像小桃子，直径2.5厘米）叶子很厚，宽5厘米、长11厘米						果实变干，种皮破裂，种子脱落、传播				小部分叶子由深绿色变成红棕色、黄棕色		有很多深绿色无光的叶子存留			
重瓣樱花（落叶乔木）	休眠期		出叶芽期	深红色小小叶芽（5毫米）；叶芽变红绿色，花芽生长期，叶芽长了。3月25日第一朵花开了，3瓣、淡粉色、多层	盛花期50%～100%，花朵芬芳盛开（比校园外的花晚开15天）	展新叶期（雨水多）叶子变绿了。4月19日凋落最后一朵花	绿叶成长期，叶子长了15厘米，有锯齿，树枝也长了2～3厘米		少量的果实成熟期，逐渐成熟。叶子非常茂盛，由翠绿变成深绿色。树皮涨开，长出新皮						果实种子脱落、传播				叶子枯黄期、干燥、脱落		最后一片落叶期		秃枝、休眠期	

4　开展认绿活动

通过校园植物大搜索，对校园绿色植物资源进行分类和挂牌，建立校园植物档案，使学生的自主合作探究能力得到发展，还可结合自己的长期的观察为植物设计DIY名片。

 5　开展校园自然笔记活动

教室外就是美妙的自然环境，在这样的环境中去感知、去发现、去探索，养成观察自然的好习惯，培养敏锐的观察能力，让学生从小亲近大自然，热爱大自然。

 6　学习树叶堆肥

利用树叶堆肥能减少校园垃圾，改善校园土质，从生活经验出发，培养学生解决环境问题的能力，让学生们能深刻理解垃圾减量的意义，实现人与环境的可持续发展。

 7　建立校园植物种子库

开展收集校园里植物种子的活动，让学生在课余之时在校园寻找花籽，并对其进行标记，收藏于玻璃罐中，用于第二年种植。

 8　开展校园观鸟活动

植物繁多的校园为小鸟提供了生活环境，可以组织学生进行观鸟活动，将生活在校园内的小鸟以展板形式对学生进行普及，让学生在课余时间观察鸟的生活习性，体验人与自然的和谐，感受大自然里所蕴含的乐趣。

第十三章
Chapter 13 | 设计自然教育活动项目

　　学校自然教育活动项目的选择与设计，应以综合实践活动学科为载体，充分利用学校和当地的自然生态资源，立足本校实际，选择项目切入点、筛选活动资源、凝聚师生力量、合理设计目标、注重学生过程落实、随时评估效果、注重学生交流拓展，既能使学校自然教育规范化、常态化，也有利于凸显办学特色，打造学校品牌。

一、确定选题

　　学校在选择设计自然教育活动项目时，应考虑如下因素。

（1）当地的生态、人文、社会资源；

（2）学校的传统、优势与发展方向；

（3）学校教师与学生的需求；

（4）学校自然教育人员的专业水平与业务能力；

（5）与当地相关机构、自然保护地（公园、植物园）合作程度；

（6）可能得到的其他外部支持；

（7）主管部门的态度和可能提供的支持。

　　活动项目一定要以学生为本，选择积极、正面的主题。可以从不同角度去思考和组织活动项目设计，找到项目的切入点。完整、细致可操作的具体方案有助于活动顺利实施（图13-1）。

　　自然教育项目选题有长期系列型和短期阶段型两类。

　　长期系列型，是充分利用当地自然生态资源来确定一个主题，持续不断地开展相应的教学和活动，形成系列专题自然教育模式，并取得良好的教育效果和社会效应，长期坚持就会形成学校特色品牌。如辽宁省大连市旅顺铁山小学、湖北省京山市三阳镇小学、江苏省徐州市睢宁县邱集镇大余小学等学校坚持多年的爱鸟、观鸟活动，就是利用当地鸟类丰富资源开展起来的。再如重庆市西南大学附属中学比邻嘉陵江，武汉市大兴路小学位于汉江与长江交汇的地方，江西省九江市湖口县第二小学比邻鄱阳湖，由此开展的关注河流湖泊的自然教育活动也颇有特色。

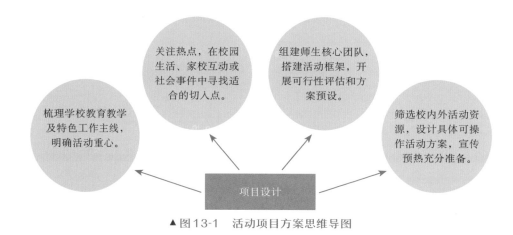

▲图13-1 活动项目方案思维导图

短期阶段型，是围绕一个自然教育主题开展的短周期的普及性的活动，如自然笔记、种植活动、校园生物多样性调查等活动。

学校可预先评估学校目前在自然教育方面的工作实际和成效，理清与学校特色化发展并轨的发展思路，明确活动侧重点，列出项目可选范围。再关注地域、季节、社会事件或家校学习生活热点，结合实践活动课程的实施，进行校本化思考，提取符合实际自然教育的关键词，寻找活动切入点，并规定活动项目外延。

学校选题可从难度小、周期短的普及型活动开始，适度讲解——鼓励参与——引导体验，逐步增加活动的互动性和难度，保证活动有序推进、有效实施，再来确定长期选题。

二、设计项目

项目设计包括：开展活动初期宣传，招募和组建核心师生团队，将前期初拟的自然教育关键词扩展，列出活动计划，再通过问卷调查、投票、讨论等方式，明晰教育主线，明确活动项目的具体内容，预设活动方式，预估活动教育创新点和效果。

学校进行充分的评估和准备后，要筛选校内外活动资源，与活动板块进行匹配，将活动方案具体化，可通过普及性和个性化相结合、人文性和科学性相结合、全员化和特色化相结合等方式，多维度地分解出小版块。在主题确定后，延展项目分支，确定每个小板块或阶段活动负责人，拟出阶段目标，这有助于项目优化并落实。

宣传预热和招募，保证活动的知晓度。分级开展活动培训，对活动内容、活动方式进行征集和解析。督促和指导活动负责人根据不同板块活动内容和要求，组织项目分支推进培训，保证各项目组核心团队明确分工，保障活动有序实施。

　　活动设计要充分考虑校情、学情，以学生身心发展及认知实际为基础，以学生核心素养提升为目标，关注活动实施进度、学生参与度、学生自主能动性的激发等要素。要明确项目负责人（必须包括骨干学生），约定学习、交流和反馈的具体要求。

　　活动设计要明确项目所需的支持、活动分支的具体内容、板块推进的时间节点，阶段成果呈现的基本方式以及活动拓展的预思考。

　　活动项目内容选择可以参考《中小学环境教育专题教育大纲》和《中小学综合实践活动课程指导纲要》。

　　活动项目设计至少包括活动背景、活动目标、核心团队、具体安排、实施步骤、成果预期等基本板块（图13-2）。

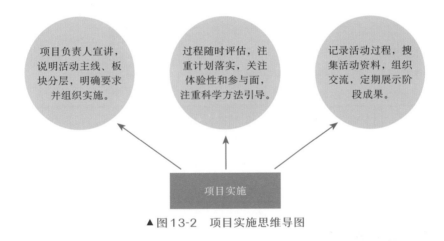

▲图13-2　项目实施思维导图

三、项目的实施与评估

　　项目的实施与评估是否有序有质，重点应注意以下要素。

　　（1）项目负责人必须根据活动设计的具体内容及时搭建框架，合理分解任务，组建子项目团队，并确定子项目责任人。

　　（2）鼓励活动中的优秀年级、班级、小组或个人进行阶段性展示交流，展示或说明项目推进情况。

　　（3）定期开展项目阶段性小结，交流活动内容、形式及参与情况，积累和完善活动图片及相关资料。

　　（4）项目的实施与评估应列入学校的教育教学工作计划，成为学校教育的一个有机组成部分，还可与创建绿色学校、开展国际生态学校项目结合起来，项目的成果还可以申报参加青少年科技创新大赛等评比展示活动，使项目的教育效果和社会效益最大化。

案例

项目主题

我们是自然派——以自然笔记为核心的生态探索活动综述

项目设计背景

振兴路小学是城市中心商业中心边缘的一所普通小学，也是武汉市较早的小区配套小学。学校坚持将德育工作推进和生态教育主线并联，整合教育教学工作，以综合实践活动为平台，设计了"爱自然 爱生命 爱家园"生态道德教育主线，观察身边环境——科学方法探索——自然笔记呈现——生态意识提升，通过一系列活动的开展，将德育情境生活化，德育时机自然化。指导学生形成正确对待大自然的理念，促进生态文明行为的养成，生态道德素养的提升。

项目设计目标

鼓励学生在实践中体验，发现自然；在观察中辨识，认识自然；在积累中思考，热爱自然；在自然笔记中浸润，提升科学认知。通过以体验探究为中心的科学认知教育，全覆盖、多维度开展活动，养成良好的生态文明行为习惯，形成正确的自然观，促进科学探究能力和生态道德素养的提升。

项目实施推进

阶段	主题	活动内容		参加对象及负责人		参加人数（人）	预期目标
第一阶段	体验，感知勾画	心随绿动	万千色彩绿为先——知绿、播绿、护绿	全体师生	杨樱、廖俊帆	1 300	1.认识校园里的植物，进行植物识别和挂牌 2.带领学生种植春夏季植物，感受春夏季植物的魅力 3.冬季种植物郁金香，观察郁金香的生长 4.以班级为单位，认识植物及特征，养护植物
			多彩自然学观鸟——爱鸟、识鸟、护鸟	四、五年级学生代表	朱海涛、周栋	30	认识鸟儿，学会观察、爱护鸟儿
		活动助力	各学科融合，拓展生态知识	五（2）班、五（6）班	郭俊 余雪梅	80	部分班级试点校本生态课程
			开展科学研究，编写校本教材	校生态课题研究组	杨樱、田芳	20	编写生态教育校本课程
第二阶段	探索，观察记录	相约自然	借助实践基地，拓展教育空间，科学方法指导，形成教育合力	二～六年级学生及科学探究社全体成员	杨樱、廖俊帆、余雪梅、郭俊、周栋、张余乐	1 000	走出校园，引导学生观察植物，研究植物特征，学会正确的观察方法
		缤纷四季	行动体验、自然探索；科学方法、自然笔记	自然笔记社团及一～六年级学生	杨樱、廖俊帆、余雪梅	1 300	学生探究自然中的植物，用正确的方法记录，开展自然笔记活动
第三阶段	绿意，积累生成，形成生态教育链	环球自然日		优秀学生代表	杨樱、廖俊帆、周栋、余雪梅	1 300	丰富自然笔记形式，积累丰富多样的自然探索系列作品
		生态规章征集活动					
		自然笔记大赛					
		生态道德教育开展					
第四阶段	收获，见证成长	整理、归纳、总结，撰写研究报告，成果展示		全体师生	杨樱、廖俊帆、周栋	1 300	形成振兴路小学特有的生态道德教育网络

　　学校自然教育项目的设计，必须符合教育规律，顺应学生天性；必须立足校情、师情和学情，明确学校发展的核心点，明确学生成长的需求，明确校本教育优势；必须以学生核心素养提升为根本出发点。自然教育以活动为平台，依托或挖掘教育资源，合理构想、整合交融，才能落地生根。淡化知识学习、强化体验感知，学生在参与中发现、在活动中浸润、在分享中思考，就会激发自主能动性，思维的活力、行动的自觉、认知的积累都会提升，从而促进师生的共同成长。探索是建立在体验基础之上的升华。学校鼓励学生在行动体验中感知，观察有什么？在自然探索中思考，了解是什么？在科学方法中记录，交流为什么？为了能让学生形成自然体验的科学方法，学校选择了便于推广、易于上手的自然笔记为轴心，指导学生将自然中的所见所思通过绘画、配以简要文字说明的形式记录下来。观察中的发现、积累中的素材、分享后的感悟，通过自然笔记留痕，再一步步深化成小课题，教育的轨迹在自然中生长。

第十四章
Chapter 14 | 开展自然教育小课题研究

依据校情学情，立足自然环境或相关资源，指导学生开展研究性学习，尝试将自然体验、学科知识、科学方法有机融合，实施小课题研究，这是提升和推进自然教育的必经之路。作为教育主导者的教师，从小课题的确定开始，给予方法指导，鼓励学生主动思考、提炼课题，在课题实施过程中，引导学生生成问题、落实方案，学生在小课题研究过程中，培养对自然的情感、学习科学方法，在自主建构知识的基础上，学会和自然和谐相处的方式。

一、确定选题

关于自然的小课题，可以从身边的环境、季节节气、热点话题等角度寻找内容，种植养护、持续观察、探索发现、科学实验、调查访问等，适合大题小做，从小处入手，实实在在进行观察、体验、参与，在行动中记录、积累，搜集资料、整理分析、收获感悟。

 1 指导学生确定小课题四步秘诀

（1）关于自然，你最喜欢（尽量用词语表示，可以多写几个）。

（2）和小伙伴、家长或老师交流，说说记录这几个词语的原因。

（3）选择自己最感兴趣的词语扩展成短语，使表达更具体。

（4）用我想了解 、我想尝试扩句，具体来说，我想围绕问题，开展小课题研究。

四步秘诀参考范例

范例一、关于自然，我最喜欢植物

（1）词语扩展：校园的植物、叶子的秘密、植物的生长……

（2）具体表述：我想了解郁金香生长的秘密

（3）生成小课题：种植郁金香并记录其生长过程

范例二、关于自然，我最喜欢鸟类

（1）词语扩展：燕子、鸟类迁徙、观鸟……

（2）具体表述：想了解燕子迁徙、筑巢、孵蛋等秘密

（3）生成小课题：燕子的生活状况并进行记录

小课题一般分为两种类型：实验操作型和观察调查型，参考范例一属于实验操作型，参考范例二属于观察调查型。

二、制订方案

从选题、设计到实施，教师要和学生一起讨论：选题的价值是什么，活动的切入点是什么，研究的目标是什么？确定小课题后，鼓励学生设计方案搭建框架，组建团队，讨论要达成目标需要做什么，怎么做？对具体内容和研究方式进行细致的安排，特别是研究时段、方式和方法等。

实验操作型方案制订的内容：选题、问题的提出与设想、实验目的、实验对象、实验方法和措施、器材与设备、实验过程记录和数据统计、必要的制度、人员分工等。

观察调查型方案制订的内容：选题的提出、调查目的、调查对象和范围、调查的方法与手段、调查的步骤与时间安排、注意事项与工作制度、人员分工、需要准备的器材和附件（调查记录表、问卷、调查访谈提纲等）。

活动方案必须符合学生认知，从实践中找方向，在行动中找方法，是实施小课题研究的基础和起点。方案可用表格形式列出，注明时间段、内容、分工、器材、注意事项等。

三、具体实施

具体方案完成后，可以针对小课题内容搜集资料，并做培训，将团队伙伴集中起来做指导，梳理课题研讨方案，达成共识。设计表格或记录单可以较好地帮助学

生顺利完成任务。

 实验操作型课题的流程

确定选题→制订方案→收集背景资料→人员分工→准备器材设备→进行实验并对过程进行记录→对实验结果进行整理分析→撰写实验报告。

 观察调查型课题的流程

确定选题→制订方案→收集背景资料→人员分工→现场调查和走访→整理分析调查走访所获资料→撰写观察报告。

四、提炼总结

严格落实细致的方案过程，鼓励学生持续坚持完成方案，尽可能多地积累和搜集一手资料，定期组织交流和分析，鼓励学生在亲历体验中发现，并逐步形成自己的思考感悟。

将小课题的实施过程和结果完整地记录下来，以便汇报、交流和推广，这种文字材料就是总结报告。观察调查型小课题的总结报告叫作观察（调查）报告，实验操作型小课题的总结报告叫作实验（种植）报告。

五、小课题总结报告的基本框架

（1）活动标题（醒目）。

（2）活动背景（简约）：活动对象的基本概况、选题的目的与意义。

（3）活动计划（清晰）：目标、时间和进度安排、组织机构和参与人员。

（4）活动过程（详细）：启动——实施——结果。

（5）活动效果（透彻）：教育效果和社会效应、收获、体会、反思。

（6）附件及引用资料目录（细致）：小课题研究至少包括研究缘起、研究主题、具体安排、实施步骤、收获及思考等基本板块。研究中要注意积累图片和各类原始素材，如有调查或实验，最好附有原始数据和分析等材料。好的小课题成果可争取推荐参加青少年科技创新大赛等评比展示活动，让参与小课题的师生有更大的获得感和成就感。

案例 播种——收获

我的郁金香成长记

江汉区振兴路小学 五年级学生

我的愿望

我家旁边的公园，每年都有郁金香花展。喜欢花草的我决定学习郁金香种球养护的方法，亲手种下郁金香，并认真观察记录，希望能用心呵护，见证郁金香生长开花的过程。

我的方法

搜集资料、种植实践、观察日记。

我的计划

见表14-1。

表14-1 郁金香成长计划

2015年11月	搜集资料，了解郁金香
2015年12月至2016年4月	寻找种球，播种养护
2016年5月	欣赏美丽，分享收获

我的活动

（1）了解郁金香：到武汉图书馆去找资料、网上冲浪、买书看……参加植物园科普课堂的活动，请教博士老师，寻找种郁金香的方法。

（2）种下种球：看书、搜集资料，再到花市买了郁金香的种球，一个个种球好像一个个的大蒜。播种前，我认真处理：首先去掉外面一层咖啡色的薄皮，然后将白色种球泡到灭菌的药水里40分钟，再捞出来，散开并完全晾干。我用的是黑黑的营养土。每一个花盆里放了3、4颗种球，共种了8盆。

（3）守护宝贝：种下去的前两天，小宝贝们没有什么动静，过了一个星期才冒出芽。接下来，隔两天我看看它们，用尺子量一量，记下数据。我发现：它们有时候几天就可以长好几个厘米。过年最冷的几天，我把芽冒得最高的两盆搬到客厅放了一个星期。第29天，第一个花苞出现——浅粉色。

（4）郁金香生病了：我的郁金香在开了4朵花以后，就开得缓慢了。天气逐渐变热，资料上说，花应该开的更多，可是有几盆长得很慢，叶子变黄了。我把土翻开，发现种球上面有白色的霉，而且盆子里有小虫，用了六神花露水还有一种除菌喷雾对着土喷，六神把小虫子喷晕了，不知道会不会治好郁金香的病，我还在等待中。

我的收获

（1）我种的郁金香开花了，浅红、红白、紫红、大红各一朵。小种球从土中冒出小芽，左一片叶子、右一片叶子，中间再长出花苞，然后开出美丽的花儿，这个过程真是太奇妙了！

（2）我坚持了这么长时间，了解了很多知识。今天，我们学校请了植物园的花博士来讲植物知识，我听博士说，郁金香其实是不太适合放在卧室里的。这个我都不知道，看来要学的知识还有好多好多，这次植物精灵送给我美丽的花朵当礼物，一定是为了鼓励我。

我的思考

（1）我送给外婆种的郁金香，到现在只开了一朵，我想一定是土不好吧。外婆说，她用的土是以前花盆里的旧土翻了翻才种的。以后我要研究这个问题，最好在同一个时间把一样的种球放进不同的土里面，做对比实验，看看土壤不同会带给植物宝贝怎么不同的效果。

（2）明年我还要种更多的花，要让花带给大家美好的感受！现在我又种了一批太阳花，这一批太阳花的种子是我去年秋天的时候在外婆家阳台上搜集的。我想，"六一"的时候，是不是这一批太阳花能开花呢？我要送给我们班上的老师和同学，还要告诉他们搜集太阳花种子的方法，然后让大家一起来种，让每个人的家里都充满阳光！

2017年水木清华小区家燕繁殖观察报告

武汉经济技术开发区三角湖小学五（5）班　颜子淇　指导老师张亚平

水木清华小区位于武汉经济技术开发区，2004—2008年全部建成，在开发区算得上有些历史的城市建筑群啦。小区的家燕巢区位于水木清华一期正门外通道两侧，正门内不远处为小区最大的景观池塘。正是这片小小的水面和依附水面存在的各类生物，为家燕生存繁殖提供所必需的物质条件，吸引家燕每年春天回到水木清华繁衍生息。

本次观察活动的目标

观察家燕这一物种的生物习性和它们繁育后代的繁殖行为，记录家燕在武汉市城市环境中的繁殖过程。

使用工具

双筒望远镜、激光测量尺、相机等。

2017年3—4月，前后6次考察水木清华小区，了解家燕旧巢的情况。水木清华社区家燕旧巢（水木清华家燕巢位图）见表14-2。

表14-2　武汉经济技术开发区水木清华小区燕子旧巢情况表

编号	门牌号码	种类	位置	环境	式样	巢基	是否使用
1	三角湖路10-31	家燕巢	临街门面-文具店正门口	人多嘈杂	碗状完整	配电箱	是
2	三角湖路10-？	家燕巢	水门清华小区正门通道	比较安静	碗状完整	钉子	否
3	三角湖路10-18	家燕巢	水木清华小区正门小超市	相对嘈杂	碗状完整	勾子	否
4	三角湖路10-18	家燕巢	水木清华小区正门小超市	比较安静	碗状完整	电线槽	是
5	三角湖路10-18	家燕巢	水木清华小区理发店旁	比较安静	碗状完整		否
6	三角湖路10-19	家燕巢	临街门面—药店正门口	行人较多	碗状完整	电线槽	是
7	？	家燕巢	水木清华小区正门网吧	安静	破损	勾子	否

4月14日，我们发现有3对家燕使用水木清华巢区的1#、3#、4#巢，开始孵蛋。经商量后，决定每周观察一次，时间在周五颜子淇放学后，每次30～40分钟，记录家燕在水木清华的繁殖情况。4月21日和4月28日，我们按计划观察了2次，观察结果见表14-3。

表14-3　燕子观察记录

繁殖观察				繁殖观察			
时间	4月21日	天气	阴	时间	4月28日	天气	晴
编号	行为			编号	行为		
1	孵蛋			1	孵蛋		
2	无			2	新来一只燕子		
3	孵蛋，飞离			3	孵蛋，站在巢边		
4	孵蛋，飞离，3分钟回来			4	孵蛋，左顾右盼		
5	无			5	无		
6	新发现，孵蛋			6	孵蛋		
7	无			7	无		

通过对前2次观察记录活动的总结，我们发现，仅仅填报表格不能很好地记录观察过程，于是改用现场语音输入、回家后整理的方式做观察笔记，记录观察家燕繁殖过程中的所见所闻、所思所想。

▲水木清华家燕巢位图

观察结果

当春天来临，气温渐渐升高，家燕们从南方飞回到我们这个温暖的城市，它们即将在这里繁殖后代啦。在水木清华小区，我观察到5对家燕找到了去年的旧巢。燕巢筑在人来人往的通道附近，附着在石灰墙面上，太光滑的墙面没有燕巢。

2017年3月28日至7月13日，5对10只家燕在水木清华巢区生活了108天，修补筑巢、繁殖后代。这段时间它们面临重重危险。有的时候巢被人为破坏，小燕子被抓走；有的时候燕巢被大风刮坏，小燕子掉下来会摔死。水木清华巢区2017年累计繁育雏鸟29只，成功离巢9只，4只死亡，16只失踪，雏鸟出飞率仅为31.03%。

水木清华小区家燕巢距离地面平均高度3.751米，容易受到人的攻击。

家燕的繁殖有种种困难、种种艰辛（表14-4）。为了让它们更好地生存，我应该去提醒那些捅巢的人们：小燕子和老燕子像你我一样是有生命的，所有地球上的生物都有生命。不能因为你想要这个宠物或者别的原因就破坏燕巢，杀死燕子。如果没有了燕子，也可能没有了其他生物，这个世界这个地球会变得很坏很坏，也许最后会影响你我的存在。

表14-4　2017年水木清华巢区家燕繁殖情况

巢编号	燕巢保存	繁育雏鸟数量		生存情况	去向
		4月至6月	6月至8月		
1#	完好	3	4	7	出飞
2#	破坏	3		0	失踪
3#	破坏	4		0	摔死2只，失踪2只
4#	破坏	2		0	失踪
5#	破坏				
6#	破坏	2		0	摔死2只
7#	破坏		2	0	失踪
新3#	破坏		3	0	失踪
新4#	完好		2	2	出飞
新6#	破坏		4	0	失踪
合计		14	15	9	

在行动中观察，在观察中记录，在记录中思考，思考后再实践，循环往复，科学的种子会在求知的心灵中生根发芽！

第十五章
Chapter 15
自然教育校本教材的开发与编写

学校为了使自然教育做到常态化，规范化，系列化，就有必要开发和编写有关自然教育的校本教材。

一、开发自然教育校本教材的必要性

 学校开展课程改革的需要

自 21 世纪开展第八次课程改革以来，《国务院关于基础教育改革与发展的决定》明确指出，"实行国家、地方、学校三级课程管理。国家制定中小学课程发展总体规划，确定国家课程门类和课时，制定国家课程标准，宏观指导课程实施。在保证实施国家课程的基础上，鼓励地方开发适应本地区的地方课程，学校可开发或选用适合本校特点的课程。探索课程持续发展的机制，组织专家、学者和经验丰富的中小学教师参与基础教育课程改革。"在教育部《基础教育课程改革纲要（试行）》中，更强调"学校在执行国家课程和地方课程的同时，应视当地社会、经济发展的具体情况，结合本校的传统和优势、学生的兴趣和需要，开发或选用适合本校的课程。"而教材是课程之本。所以，教育部《中小学教材编写审定管理暂行办法》明确提出，"国家鼓励和支持有条件的单位、团体和个人编写符合中小学改革需要的高质量、有特色的教材，特别是适合农村地区和少数民族地区使用的教材"。随着课程改革的深入发展，校本课程在学校教育教学中地位越来越重要，学校开发和编写以自然教育为主题的教材就水到渠成了。

学校办出特色，打造品牌的需要

　　学校在全面贯彻国家的教育方针，落实好教育教学工作的同时，要充分利用学校和周边的课程资源和平台，结合学校的传统和优势，开发校本课程。校本课程要着眼于发展学生的兴趣、特长、爱好，关注学生的个性发展，充分发挥师生的自主性和创新能力，使其具有鲜明的学校特色。自然教育是典型而又最具有时代精神的特色教育。学校开发自然教育的校本课程是应生态文明教育潮流而动，具有重要意义。但自然教育校本课程是课堂教学与实践活动的综合体，教材则是学校自然教育最好的显性成果，有利于推动学校特色的建设和品牌的打造。

 学校自然教育本土化的需要

　　不同的学校所处的地理位置不同，其学校的自然生态特征、人文内涵及所在地区的经济社会发展状况都是不一样的。所以，学校开展自然教育教材就应将当地自然生态环境作为教育教学的平台和资源，开发和编写相应的校本教材。只有看得见，摸得着的本土化自然教育，才会产生最好的教育效果和社会效应。

二、自然教育校本教材的定位及分类

　　教材又称课本，它是依据课程标准编制的、系统反映学科内容的教学用书，教材是课程标准的具体化，是为师生教学应用而编选的材料。自然教育校本教材就是以综合实践活动课程标准为依据，结合当地自然生态环境的具体情况和学校师生的教学需要来开发编写，供学校师生开展自然教育活动而使用的教材。

　　21世纪初以来，公开出版的和内部编写使用的自然教材种类和数量众多。这些教材可分为3种类型：通用型、综合型和专题型。

 通用型

　　（美）约瑟夫·克奈尔的著作《与孩子共享自然》是风靡世界的自然教育圣经，翻译成15种文字，出版超过45万册。这本书设计了许多在自然中进行的游戏和活动，通过"玩"这种孩子们喜爱的体验方式，让他们感悟到自然的神奇与美好，并建立起与自然的情谊。这本书可供所有想开

展自然教育的学校和幼儿园参考使用，具有通用性。但缺少当地自然生态环境的内容，作为校本教材就有所不足。类似的书还有《孩子，我们一起爱自然》（西苑出版社）、《我爱泥巴——一年四季52个亲子趣味绿色周末》（中国环境科学出版社）等。

 ② 综合型

以云南潞江小平田明德小学《我们的学校，我们的家》、武汉市蔡甸区恒大绿洲小学《留住童年的回忆》、浙江省温州市乐清市雁荡镇海岛寄宿小学《生态校园是我家》为代表，这些教材是编写者根据本地环境状况与学校教育教学的需要，确定选题，整合多方面素材，涵盖学校当地的生态、人文、民族、社会经济及可持续发展等方面的内容，针对本校学生开发并进行教学的校本教材。这些教材能让学生全方位系统地了解学校和家乡，具有综合性。教材中有部分章节涉及自然教育活动的内容，如《留住童年的回忆》中，自然篇单元里就有"校园植物大搜索""美化绿化校园"和"我的自然笔记"3课是关于自然教育活动的内容。

综合性的教材地域性与针对性比较鲜明，并具有浓厚的地方和民族特色，能让孩子"看得见山，望得见水，记得住乡愁"，适合同一个地区的学校共同开发和选用。编写中突出与自然教育活动有关的章节。

 ③ 专题型

以海南出版社出版的《我的家在红树林》、人民教育出版社出版的《走进森林》以及湖北省石首的《麋鹿回家》、武汉市洪山高中的《飞舞的花朵（蝴蝶）》、湖北省京山市三阳镇小学的《观鸟》、陕西洋县的《七只朱鹮的故事》为代表，这些教材是

编写者根据当地自然生态特点结合学校教育教学的需要，选择特定的主题，为本地区学生而编写的地方和校本教材。这些教材围绕一个自然教育主题（如红树林、观鸟、校园植物、蝴蝶、森林等）展开，开展相应的实践活动，学生们通过体验来认识了解大自然是一个完整的生命共同体，万物都是相互关联相互影响的，最终也会影响到人类自己，从而激起孩子们对大自然的关注和热爱。

专题型教材的主题要特色鲜明，针对性、实用性要求明确，要有很强的品牌效应。具有独特自然资源的学校可以开发校本教材。

三、开发自然教育校本教材的前期准备

 需求评估

（1）时代的发展和社会的需要：校本教材要紧握时代的脉搏，从推进生态文明建设，紧抓生态环境保护的大背景出发，结合当地社会的发展需要来考虑需求。

（2）自然资源：结合当地自然资源的类型及特色，有没有自然保护地、湿地公园及其他相关单位，与学校的距离，主管部门的态度和主动性。

（3）教师的自身能力与参与热情，学生的兴趣与关注度：这需要做一些宣传与铺垫工作。

（4）能够整合的外部资源：包括教育主管部门的支持，社区与家长的参与，其他科研部门和社会组织可能给予的帮助。

开发编写是一个循序渐进的过程，学校应在客观评估的基础上来考虑开发编写自然教育校本教材的事宜，做到既积极争取，也不急于求成。

 组织队伍

开发编写自然教育校本教材的过程也是编写人员能力提升、素质提高和潜力展现的过程。编写人员应以本单位的人员为主，因为他们对当地和学校的情况最有发言权。而且，开发编写的过程又为学校培养了一批自然教育的骨干教师。参与人员首先要有积极性和热情，是"我要来"，而不是"要我来"；其次要考虑参与人员的能力、经验和学科背景，做到人员结构和学科搭配合理；第三要有学生代表，听取他们的想法和建议。校本课程的开发，学生不仅仅是被动的受益者，更是主动的参与者。

 专家指导

专家包括两方面人员。一是专业方面，可请自然保护地（湿地公园）的宣教人员和专业技术人员，以及大专院校和科研部门的专业人员，他们可为教材的专业性和科学性把关。二是教研方面，可请教育科学研究院（教研室）相关教研员和其他课程改革与教材开发方面的专家，为教材如何开发进行指导。开发编写前，有必要请专家对参与人员进行培训辅导。

 ④ 搜集素材

搜集素材应根据学校确定的校本教材类型来进行。如果是综合型的，则搜集当地的生态环境、人文社会、民族团结、经济与可持续发展等方面的素材，特别要注意相关的自然教育活动的素材。如果是专题型的，则围绕确定的主题来搜集学校及毗邻地区相关自然生态资源方面的素材。如校园生物多样性（校园植物、校园动物）、物候观察、气象观测、生态小径、种植(养殖)等及毗邻的自然保护地、湿地公园、森林公园等场所。需要强调的是，无论哪一种类型，都应该注意搜集本学校师生参与自然教育和实践活动的素材，使教材更具教育性和说服力。

素材的来源也很关键。建议争取与自然保护地（湿地公园）和相关的大专院校、科研机构合作，也可到图书馆、档案馆去查阅资料，还可走访有关专家和人士。对取得的资料进行筛选，留下最新的、最确切的素材，以保证教材内容的科学性。网上的资料可供参考，不能作最后依据，应以第一手搜集的资料为主。

认识校园植物

南京市红山小学生态教育校本系列教材

校园生态种植

东营市实验中学校本课程

四、自然教育校本教材课文内容的整合

自然教育校本教材的内容应主要以学校及其所在地区的自然生态资源为开发对象，容量不宜过多（8～12课），实施时间一般不超过一学年。在搜集素材的基础上，考虑如何整合素材内容，形成教材的文章。

在服务于每本教材选题的前提下，每一课都应确定一个小主题，把与小主题相关素材的内容整合在一起，形成课文，使其有相对的独立性和完整性。各课课文完成后，可采取两种排列形式。其一，直线排列。这种排列方式是对一本教材的内容环环相扣、直线推进、不予重复的排列方式，在逻辑关系上是递进的关系。其二，分支平行。这种排列方式是把课文分为若干个平行单元，每个单元所选的课文内容是相近或相关联的。在逻辑关系上各单元是并列关系，而单元前后之间是递进关系。整本教材还要注意第一课和最后一课的呼应关系。

一本教材是由若干个单元构成的，而每个单元又由若干篇课文构成（有时教材会取消单元这个环节，直接由若干课文构成）。一般情况下，每篇课文主要由知识板块和活动板块两大板块构成，根据需要会另外设置若干个小栏目。

以《我们的校园我们的家》《观鸟》和《我的家在红树林》3本教材为例，来剖析课文内容的整合与编排的逻辑关系。

 我们的校园我们的家

第一章　我们的学校

　　第一节　学校的历史与位置

　　第二节　学校的校名

　　第三节　学校的校园

第二章　快乐幸福每一天

　　第一节　经典诵读入我心

　　第二节　快乐从早操开始

　　第三节　分享劳动的快乐

　　第四节　助人为乐是美德

第三章　关爱生命　热爱大自然

　　第一节　校园中的植物

　　第二节　校园中的动物

　　第三节　走进高黎贡山

第四章　和睦友爱大家庭

《我们的学校我们的家》共4章11节，每个单元内的课文内容又都相互关联，形成了一个相对独立的主题。每课都有一个小主题，把相关的素材内容整合在一起。所以，每一单元、每一课都是相对独立和完整的。这本教材从内容素材来看，是综合型，但第三单元的内容包含有自然教育的活动素材。

本教材4章在逻辑上是并列的关系，但4章前后之间逻辑上是递进的关系，就是我们上面提到的分支平行排列方式。

 观鸟

第一课　我们的家乡

第二课　三阳的鸟

第三课　鸟与人类

第四课　观鸟前的准备

第五课　如何观鸟

第六课　三阳观鸟路线

第七课　野鸟救护

第八课 我是小小鸟类专家

第九课 我们的观鸟足迹

《观鸟》共9课，每一课都是一个小主题，将素材内容整合在一起。所以，每一课都是相对独立和完整的。但全本教材的内容，是围绕观鸟主题来整合相关素材并逐步展开的，属专题型。

《观鸟》课文之间的逻辑关系，应采取环环相扣，直线递进，不予重复的直线排列方式。

所以，在编写自然教育校本教材之前，应在整理筛选素材的基础上，通盘进行考虑，确定全本教材有多少课和每篇课文的小主题。还要考虑各篇课文之间的逻辑关系，做到前后有序，首尾呼应。

 ③ 我的家在红树林

第一章 认识湿地

  1.土与水构成的世界

  2.神奇的湿地

第二章 无形的大网

  1.湿地的食物网

  2.同在网中央

第三章 走进红树林

  1.海上森林

  2.红树的秘密

第四章 鸟儿的传说

  1.鸟儿从哪里来

  2.飞翔的精灵

  3.走，观鸟去（一）

  4.走，观鸟去（二）

  5.适者生存

  6.深圳的明星鸟——黑脸琵鹭

从教材的目录可看出，它的选题是红树林，从湿地的特有植物——红树林来切入，内容涉及湿地的形成、湿地的食物网和湿地水鸟，这是一本专题型的自然教育教材。

（1）知识板块：介绍本课的知识点，包括基本概念，基本原理，相关的人、事、物；为了便于学生理解，增强可读性，语言尽量做到通俗、生动、活泼，同时配发了相应图片与表格，并以资料卡的形式对相关的内容进行补充和拓展。本册教材就是围绕红树林做文章，用了大量图表、照片来介绍红树林的生态系统，生物多样性，以及水鸟。

（2）活动板块：配合课文（知识）的内容，提供多个实践活动方案，包括游戏、实验、调查、制作、探究性学习、小课题研究、班队会等多种形式。教师可根据教学需要，从实际出发，选择全部和部分方案，指导学生有针对性地开展湿地教育实践活动。

在活动中既要注意加强引导与管理，又要充分发挥学生的积极性与创造性，使他们成为活动的主体。如在可能的情况下，可举办一些面向公众的社会实践活动，会取得更好的教育效果和社会效益。

在本教材中，就设计了实验、游戏、实地考察、小组讨论、观鸟等多种形式。并且设计了一些拓展活动和扩展阅读活动，让学生在更加广阔的活动空间中加深对红树林和湿地的了解和认识。

（3）板块的搭配：本教材的知识板块和活动板块是相互对应、相互渗透的。活动板块是知识板块的深入和发展，各种实践活动既有可操作性，又富有趣味性，从而加深和巩固了学生对知识板块内容的理解。

在教材的课文中，知识板块和活动板块的搭配一般有前置型、交互型和后置型3种。

在本教材第一章《认识湿地》第一节《土与水构成的世界》中，编写者先通过"神奇的水"这个章节介绍水的知识，随即设计了2个小实验"棉线输水"和"水平衡术"来加深学生对"神奇的水"的理解。然后通过"土的魔力"来介绍土壤知识，随即设计了观察项目"土壤里有什么"和实验项目"向上移动的水"，让学生了解土壤和水的关系。这一课两个板块的搭配就是交互型的，这样的搭配有利于一步一步地深化学生对知识的理解。

在本教材第三章《走进红树林》中，搭配方式发生了变化。编写者先通过"海上森林"和"红树的秘密"两个章节介绍了红树林的生态系统、红树林里的生物多样性、红树的生理机制和特化形态。最后设计了一个课外拓展活动："走进红树林"，要求学生选择合适的季节，到附近的红树林湿地，做一次红树林自然观察活动。并完成表15-1的记录。

表15-1　走进红树林记录单

记录人		日期	
地点		天气	
物种名称	发现地点	环境特征	物种特征（文字或绘图）
植物			
动物			

这一课两个板块的搭配形式是活动板块后置型的，这样的搭配有利于学生对知识板块的内容进行总结和提升。

还有一种板块搭配形式是前置型的，即在课文前设计活动板块。对本章的内容进行提纲挈领式和形象化的引领，埋下伏笔，留下悬念，再引出本章知识板块的内容。这样的搭配有利于激发起学生的学习兴趣，调动他们的学习积极性。

当然，如何搭配要服从课文表述的需要，以开放、活泼、生动的形式帮助学生理解掌握课文内容为目的。两种板块搭配要相辅相成，相得益彰。

（4）栏目的设置：校本教材还可以根据课文的需要设置一些栏目。

引言：对本课内容进行提纲挈领式的概括，以激发学生的学习兴趣为目的，从而引出本章的主题与正文。

资料库（小博士信箱）：对课文内容做一些补充和延伸，扩大相应的知识面。

拓展：在基本掌握本课内容的前提下，给学生提供一个更加深入，更加广阔的活动空间，使学到的知识得到进一步深化与巩固，并提高他们的创新精神与实践能力。

在《我的家在红树林》这本教材中，这些栏目都有设置。如每一章标题下，都有一段小引言。还设置了课外拓展、扩展阅读、故事天地等栏目。每课几乎都设有资料库。

五、开发编写自然教育校本教材的要点

 1 开发编写的流程

拟定目标→需求评估→确定主题→搜集素材→构建框架→组织编写→讨论定稿→课堂实施→效果评估。

 2 开发编写的原则

学校开发编写自然教育教材应从实际出发，充分考虑教师的能力、特长、财力、外援等客观因素，量力而为，不必一味求全求大求高档。

倡导"在快乐中学习，在体验中感悟，在交流中提高"的理念，理论联系实践，尊重师生个性，鼓励师生探究创新。

自然教育教材内容应主要以学校及其所在地区的自然资源为开发对象，容量不宜过多（8～12课），实施时间一般不超过一学年。

授课课时可利用学校的综合实践活动课程。综合实践活动课程属于国家课程，但其开发的性质是"国家规定、地方指导、校本开发"，从而为学校自然教育提供了良好的发展空间。

可将开发编写自然教育教材与学校的教育科学研究结合起来，开展课题研究，提高学术水平，争取达到自然教育与教科研双丰收的效果。

3　开发编写的体例要求

栏目、标题、文字、图例、标点符号、数字的使用要规范，做到前后一致。表述使用书面语言，文字要生动活泼、通俗易懂，不得使用口语与网络语言。

章节、板块的组合要注意递进、并列和呼应等逻辑关系，排序要符合逻辑。

利用信息技术，扩展学习空间，课堂文本教材与课外实践活动并重，形成综合、立体、动态的教学模式。

引用的文献资料请注明出处、篇目和作者，以便在教材附录中一并致谢。

案例　《美丽的洪湖我的家》编写体例要求

每课4个板块：引言（150字内）、知识、活动、拓展。

资料卡（小博士信箱）。

每课容量：4～5个页面、1 500字左右、图片留位。

文字要求：用宋体字，课题小二号（黑），标题小三号（黑），正文四号，资料卡五号。排序数字，一级标题用中文数字，二级标题用阿拉伯数字。提供美工图例素材，统一设计。

引用的文献资料请注明出处、篇目和作者，以便在教材附录中一并致谢。

开发编写自然教育校本教材虽然是比较复杂的系统工程，但只要克服畏难情绪，善于学习，敢于开拓，勇于创新，调动各方面积极因素，充分挖掘和利用好自然生态资源，就可以开发编写出适应时代精神和课程改革需要的自然教育教材。

第十六章
Chapter 16 | 组织学生自然教育兴趣社团

一、组织建立学生自然教育兴趣社团的必要性

　　校内学生社团是指学校内，学生在自愿的基础上结成的各种以文化、科技、艺术、学术为内容的团体。在校内，社团通常是由不分年级、兴趣爱好相近的学生组成。学生兴趣社团在保证学生完成国家课时计划规定学习任务的基础上，在不影响学校正常教学秩序的前提下开展各种兴趣活动。

　　以自然教育内容为指向的社团活动，内容上一方面向学生系统地传授自然生态的基础知识，另一方面开展生动有趣的自然体验活动，让学生从小树立正确的生态道德理念，做到顺从自然，尊重自然，保护自然。自然教育社团的组建还可以活跃学校学习空气，提高学生自治能力，丰富课余生活，交流思想，切磋技艺，互相启迪，增进友谊。自然教育社团有很多种类，如观鸟社团、自然笔记社团、气象监测社团、自然戏剧社团、低碳实践社团等。

　　从学校层面来看，学生自然教育社团的建设也是实施素质教育的重要途径，是提高学生综合素质的重要载体，也是展示校园文化特色的重要窗口。这些社团可以打破年级、甚至学校的界限，团结兴趣爱好相近的同学，发挥他们在某方面的特长，开展有益于学生身心健康的活动。

二、利用现有资源，建立校内自然教育创新社团

　　具有一定自然资源条件的学校，可利用现有的资源，开发具有自身特点的生态道德教育和自然教育校本课程，为学生提供多样化的社团课程选择。比如生态种植体验、校内观鸟、物候观测等社团活动，都是不错的自然教育的课程活动。

　　不具备丰富的自然资源条件的学校，可在执行课程标准要求的基础上，开展以知识普及为主要内容的自然教育社团。灵活运用多种自然体验教学手段，挖掘生态

道德教育和自然教育的内涵，拓展其外延，充实教学内容，丰富教学方法，围绕生态平衡、珍惜资源、保护环境3个方面，向学生讲授生态环境、资源利用、生态环境保护法律法规以及生态道德行为规范等知识。

三、发掘培养引领一批自然教育社团辅导教师

 自然教育社团辅导教师必须具备强烈的生态道德教育意识

我国生态道德教育理论奠基人陈寿朋先生说："千百年来，我们一直强调人与人、人与社会的道德约束，却对人类赖以生存、发展的大自然视而不见，忽视了人与自然和谐相处的道德规范。"长期以来，教师们墨守传统的人际道德规范，忽视对学生进行生态、环境和资源意识的教育和引导，培养了一批又一批只懂科学、缺少自然生态素养的"畸形人才"。因此，作为学校自然教育的一线社团辅导教师，一定要以高度的政治责任感和对子孙后代负责任的态度，将自然教育纳入常规社团教育活动中，从思想意识上不能将自然教育当做额外的负担。

 自然教育社团辅导教师必须具备感知自然的敏感性

所谓感知自然的敏感性就是对生态问题感知的灵敏性，时刻都能感受到周围环境的变化，时时都能欣赏到自然界中的美，久而久之发展为对自然的依恋。"敏感性"是与感知"麻木"相对而言的，长期以来在我们人类的认知中，对大自然是毫无情感和感知的，"自然界"充其量是一个为人类服务的静默世界，人类对自然界为人类提供的衣食住行等物质来源毫不领情且没有感恩之心，更别说去呵护和保护自然，因此，对自然的敏感性是我们生活在其中的人类应有的情感，是我们保护环境、低碳生活的心理源泉。所以，作为生态道德教育和自然教育社团辅导教师必须具备热爱大自然，有强烈的感知自然的敏感性。

自然教育社团辅导教师必须具备广博的自然生态科学知识

在生态文明建设的新形势下，一个优秀的自然教育社团辅导教师必备的一项素质就是要有渊博的生态知识和多方面的才能。具体说来，应该具备的生态文化知识包括3个方面：一是本体性知识，即什么是生态危机、生态问题的表现、危害及影响。二是工具性知识，即自然教育方法性知识，如，环境道德教育、环境教育的理论与实践，中小学生态教育涉及教育的目标、原则、方法以及生态伦理专家的生态教育理论。三是生态人文知识，如，环保故事、环境纪实文学、生态小说类等人文知识。这些知识应该成为自然教育社团辅导教师自我知识储备的一部分，只有了解这些知识，教师们在自然教育中才能游刃有余，才会有更多的话语权、有更强的影响力，自然教育的方法才更灵活、措施更有力，自然教育的实效性会更明显。

4 自然教育社团辅导教师必须坚持开展自然教育特色活动

　　自然教育辅导教师应根据社团的选项结合学校和当地的资源，制定切实可行的活动计划。计划应包括目标、内容、方法、时间、地点和安全事项。对社团成员要有明确的任务要求，做到活动前有培训，活动中有辅导，活动后有总结。辅导老师要积极组织成员参加各种正规的竞赛和展示活动，使成员具有获得感和成就感。

四、激发兴趣，建立健全自然教育社团的长效管理机制

1 自然教育兴趣社团组建申报

　　学校可在每学年3月、9月组织社团成员申报活动。自然教育社团申报主要以教师申报为主，学校可以根据教师个人特点进行最后审核。

　　教师申报社团：根据学科特点、学生实际及教师个人爱好、特长等实际筹建社团，由各年级组选派骨干教师担任社团辅导员，并填写《学校社团申报表》交至学校教导处，提请学校有关部门审批。

自然教育兴趣社团申报表

社团名称		辅导教师	
主管领导		联系电话	
社团类型		社团规模	
活动时间		活动地点	
申请理由 （成立意义以及 未来成效）			
学 校 意 见	校长签字：　　　　　　　学校盖章 　　　　　　年　　月　　日		

2 自然教育兴趣社团成员招募

　　在对全校学生进行自然教育社团推介的基础上，学生填写《学校社团个人信息表》交至相关社团指导教师和学生处，由社团指导教师及主要学生干部从中有选择

地招收社团成员。社团存续期间，每学期初均可招收新成员。各社团应及时将成员更替信息向学校教导处备案。

社团成员报名表

姓名		性别		民族	
学号		出生日期			
专业		政治面貌			
籍贯		联系方式			
个人经历（以往参与兴趣社团、获奖情况）					
自我评价（兴趣特长、优点缺点）					
对xx社及所报部门的认识					
加入xx社，你希望收获什么？					

3 自然教育兴趣社团启动

召开自然教育社团成立大会，向指导教师、社团负责人颁发聘书，并宣布公示各社团师生名单。学校有关部门协调、安排各社团的活动时间和场地。各指导教师和社团负责人指导社团制定章程及活动计划等，全面启动社团各项活动。

4 自然教育兴趣社团建设

在学校社团工作领导小组的领导下，学生会、大队部、团委会加强管理和指导，社团指导教师加强组织与指导，力求使自然教育社团活动规范化、课程化、有特色、有创新，社团在校风、学风、校园文化建设及素质教育等方面的作用日益显现。与此同时，学校努力推行社团年检制度，年检不合格的社团将根据实际情况限期整改或给予注销。

5 自然教育兴趣成果展示

结合科技节、文化节、艺术节等契机举行自然教育社团成果展示活动，或确定"社团活动日"或"社团巡礼周"，以活动展示、图片展示、公演展示、比赛展示、作品集展示等形式集中展示各社团成果。根据社团活动情况，评选"精品社团"。

附录　湖北省京山市三阳镇小学观鸟特色社团

　　三阳镇小学坐落在湖北省京山市北部边陲、大洪山南麓的一所乡镇中心小学。自2004年始，学校就创造性地对学生开展生态体验性教育，以组建学生观鸟社团为切入点，积极探索新形势下小学生生态道德教育。

　　曾经的三阳镇，不少村民为了点蝇头小利而张网捕鸟、枪弹打鸟，乱砍滥伐树木，肆意破坏植被。在这些村民们的影响下，山里的孩子也喜欢在鸟儿孵蛋育雏时掏鸟蛋、捉小鸟，使人与环境优美、气候宜人的三阳镇极不和谐。

　　2004年，学校经过反复论证，确立了以观鸟为切入点的"爱鸟爱自然，做生态文明人"的特色教育主题。2005年6月，当三阳镇小学成立的第一支学生观鸟社团，在三阳镇田间地头、溪道丛林举镜观鸟、宣传爱鸟护鸟时，广大家长对此是嗤之以鼻的。他们觉得，禁止打鸟是断了他们的财路，"靠山吃山靠水吃水"是天经地义，观鸟是疯子的行为，观鸟会耽误孩子学习，"我的孩子到学校是学习的，不是看鸟的"。面对社会的不理解不支持，三阳镇小学没有退缩，而是用实际行动，用孩子们通过观鸟爱鸟在学习上、行为上、道德上的进步感化家长，赢得社会的支持。

　　10年来，三阳镇小学的观鸟社团做到了"七个坚持"。坚持把观鸟爱鸟为载体的生态道德教育作为校长工程来抓，坚持将爱鸟护鸟教育渗透到思想品德、语文、数学、自然、美术、音乐等学科教学活动之中，坚持每周利用一个课外活动时间对社团的学生进行观鸟培训和生态保护知识培训，坚持每周周日组织学生走进大自然野外观鸟，坚持让学生每周写一篇观鸟日记，坚持每年利用"爱鸟周"、世界环境日、植树节、世界水日有计划地组织知识讲座、知识竞赛、征文评选、板报宣传活动和大型生态文明宣传实践活动，坚持每年组织学生参加省内外环保夏令营、观鸟比赛和环保志愿者活动，扩大学生视野，让学生回归到社会生活实践之中。

　　"七个坚持"让三阳镇小学的学生发现并记录了三阳的128种鸟类；234名同学被评为县、市、省环保小卫士，

在各级各类比赛中，学校学生获奖的征文、书画、手抄报有1 062件次，培养了542名观鸟小向导，学生的综合素质得到普遍提高。"七个坚持"也让家乡的鸟类越来越多，家乡的环境越来越美。"七个坚持"不仅没有使学生的学习受到影响，而且历届观鸟队员在初中、高中的学习成绩都名列前茅，并一个不落考入理想的大学。"七个坚持"吸引了全国各地、海内外爱鸟人士蜂拥而来三阳镇观鸟拍鸟，拉动了三阳镇经济增长，很多家长因接待爱鸟人士还从中获得了收益。

看到这些成果，广大家长的观念变了。他们由原来的不理解，说"观鸟人都是疯子"，到现在的积极参与，呼喊"我要当疯子"，他们不仅支持孩子观鸟，为孩子购买望远镜，自己也加入到观鸟爱鸟行列。据统计，学校自发购买望远镜的学生达621人，自发参与观鸟护鸟的家庭有634户。如今，学校学生人人参与观鸟，每班都成立了多个观鸟小分队，班级观鸟小分队每天利用课外活动时间在校园内、学校周围的村道林间进行观鸟活动，小分队一天一轮换，每半个月全班同学都能参加一次。

观鸟在三阳镇小学已经成为了一种时尚。

第十七章
Chapter 17 | 共建校外自然教育活动基地

一、为什么要共建校外自然教育活动基地

中小学校园的空间和自然资源有限，难以获取足够的资源和场地开展自然教育活动。这时就需要利用学校周围的自然资源和社会资源，如公园、田野、山林、自然水域、矿山等，以补充校内自然资源的不足。同时这些地方还需要有专业的科技工作者，可以聘请自然教育领域或相关领域专家作为校外辅导员，为学生做专题的科学报告、参与教师的培训、指导师生的自然教育活动，充分发挥科技工作者对自然教育的促进作用。

 1 有利于激发学生热爱自然的情感

通过共建校外自然教育基地可以让学生们更多地接触大自然，增强自主意识，磨砺学生意志，激发学生热爱自然的情感。

 2 有利于拓展学生的知识面，提高自身能力

通过自然体验活动和集体生活，可以增强学生们课堂教学与生活实际的联系，增长见识，而且学到许多书本上没有的知识，诸如与同学的合作、人际交往、野外生存能力等等，自然学习中的体验和快乐往往是学生学校生活中最难忘的事。

 3 有助于激发学生对自然及环境问题的思考

学生在参加自然体验实践的过程中很自然地要走出校门，离开书本，在贴近自然，感触大自然的过程中，加强对社会和自然及环境问题的认识、理解和思考，从而增强社会责任感。

④ 有助于学校校本课程的开发

自然教育具有开放性，内容丰富多彩，为学校教育做了很好的拓展延伸。学习课题是多领域、跨学科是自然界与人类社会互动，学校可以依托自然体验活动，开发和完善基于地方特色的校本课程。

二、校外自然教育活动基地类型及开展的活动

自然环境类型活动基地：自然保护地、田野、小溪、河流等人类目前赖以生存的自然条件和自然资源。可以开展自然体验、星空观察、动植物观察和体验、自然景观观察、岩石矿物认知等户外自然体验、探索及动手实践活动。

人工环境类型活动基地：公园、植物园、生态农庄、自然博物馆、手工艺室等。在人工环境中可以系统学习种植、饲养、艺术创作，进行自然教育等活动。

到校外自然教育活动基地开展活动要制定周密的活动方案，方案中应包括活动目标、内容、方法、人员、时间、地点和安全预案。做到活动前有要求，活动中有辅导，活动后有总结。

三、与校外自然教育实践基地建立联系

自然教育实践基地必须要有条件开展一项或多项自然体验活动所具备的资源和场地，同时要保障学生活动安全，配备专业技术人员或自然体验师对活动进行指导。

可由中国野生动物保护协会协同各级旅游行政管理部门根据自然教育实践基地条件进行考察并备案。

公园、自然保护地、博物馆等国有事业单位一般是国家设置的，带有一定的公益性质的机构，具有服务社会公众的职责，可以事先预约开展自然教育实践活动。

对于自负盈亏的企业如手工艺室、生态农庄等，应按市场经济规律，本着"双赢"的原则，可以租借或购买服务为学生们提供自然教育服务。

可以与校外自然教育活动基地签订共建协议，明确双方的责任、权利和义务，确定活动内容、方法和辅导人员及达到的目标，以取得更好的社会效应和教育效果。

自然教育实践基地应根据教育活动目的所需的特定环境、场地、师资、安全等条件就近择优选择，同时明确是一次性合作还是长期合作。

通过校外基地自然教育活动，可以让学生们和更多社会公众关注环境问题、关注自然生态，提升企事业单位的知名度和美誉度、增加经济收入，同时基地方也可以设计更优的活动路线及方案，吸引更多的公众进行体验，达到双赢目的。

案例 武汉大兴路小学的龙王庙江滩校外实践基地

龙王庙江滩位于汉江与长江的交汇处的汉口岸。因河面狭窄，岸陡水急，明洪武年间修筑龙王庙祈求龙王爷保佑平安。2000年经防洪及环境的综合整治，岸边覆盖了自然生长的植被，已成为科普防洪知识、进行爱国主义教育市及民锻炼休息、亲水的场所。

大兴路小学于2012年与江汉区水务局龙王庙管理站多次接触，最终达成合作协议，在龙王庙江滩挂牌设立校外环境教育实践基地。双方设立联络机制，安排专业人员进行对接。

学生们定期在专业人员帮助下开展汉江水质监测、植物辨识、观鸟等自然体验活动。了解龙王庙的历史变迁、汉江河道的改变、河道管理、河道航运及码头文化的由来、汉口龙王庙抗洪精神等生活、生产及人文知识的认知。

龙王庙江滩作为校外实践基地，同时也是对外交流、接待、展示的平台。学校在龙王庙江滩校外实践基地接待过全国20批次的兄弟学校和环保团体。2015年5月21日，来自古巴、肯尼亚、巴基斯坦等16个发展中国家37名环境官员来到学校，就环境教育问题进行沟通交流。同学们同外宾来到沿江大道龙王庙，并向外宾现场展示如何对汉江水段水质进行采样、分析检测与记录。来自肯尼亚的野生生物服务署监察员Miss DHADHU说："在这里我感到很高兴，孩子们天真可爱，印象最深的是孩子们从小就有环保意识，这点值得我们学习。"校外实践基地宣传提升了学校的荣誉。

同学们协助龙王庙管理站工作人员对公众进行节水、护水、游泳安全宣传、清理岸边垃圾、阻止违规钓鱼等活动。基地方与校方保持了健康发展态势。

为了学生的身心健康发展，帮助学生们重建与自然的连接，获得自然的滋养，帮助学生和青少年认识自然和生物的关系，让学生们能持续性地参与到自然生态的保护中来，学校还与武汉市中科院白鳍豚馆、湖北省石首麋鹿国家级自然保护区、天鹅洲白鳍豚国家级自然保护区、陕西省洋县朱鹮国家级自然保护区建立联系，定期带学生走进大自然，听科研工作人员讲解这些珍稀动物的坎坷身世、生活习性和生存状态，近距离观察江豚、麋鹿、朱鹮等珍稀动物，体悟自然保护与生物多样性的意义。

第四单元
自然保护地如何开展自然教育

第十八章
Chapter 18 | 明确宣传教育定位
制订自然教育规划

一、明确自身定位

1 保护地进行自身定位的必要性

保护地进行自身定位的最终目的，就是解决保护地是否适合开展自然教育活动以及如何开展的问题。

随着党的十八大、十九大的召开，大力推进生态文明建设已经势在必行。保护地开展自然教育活动是推进生态文明建设的一种最切实可行的方式，而且保护地所拥有的自然资源也决定了它承担着面向公众或社会的宣传教育职能，这也是生态文明建设中必不可少的一环。对于不同的保护地来说，它们所具备的独特的生态资源与专业人力资源也为各具特色的自然教育活动的开展与实施提供了支持。

同时，开展自然教育活动也有利于保护地自身建设和人员素质的提升，扩大保护地的社会影响，打造出保护地自身品牌。

2 自身定位需要考虑到的各种因素

各个保护地在各种因素上会存在一定的差异（比如资源、人力），为了更好地开展自然教育活动，保护地在进行自身定位之前，须了解以及综合考虑影响定位的各种因素，综合分析这些因素，找准自己的位置，结合实际，才能最快速地找到开展自然教育的切入点。

（1）自然资源因素：保护地的生态、人文、社会资源以及这些资源所带来的传统、优劣势与发展方向。

（2）人力资源因素：专业课程设计人员、专业授课人员、志愿者以及这些工作人员的专业水平与业务能力。

（3）外部因素：科研部门、NGO、学校等一系列外部机构以及他们能够提供的一些建议和支持。

（4）社会需求因素：社区、游客、学校的期望和需求。

 3　如何进行自身定位

根据以上各种因素，我们可以绘制如下表格，找出保护地的各种资源条件，最后确定保护地的定位，具体表格如表18-1所示。

表18-1　资源型表格

二、寻找开展自然教育的切入点

 1　寻找过程中应该遵从的原则

（1）可操作性。自然教育活动的开展需要根据自身实际情况出发，保护地给自身做好资源分析及定位后，必须根据定位找到开展自然教育的切入点，且该切入点在操作上必须是切实可行的。应结合保护地自身特色，切记不可盲目跟风。

（2）可持续发展性。保护地在寻找切入点的过程中，在确保切实可行的同时，也要保证所设计的自然教育活动并非"一次性"课程，更不能以伤害或者破坏自然为代价。

 2　怎样寻找切入点

在确认自身资源类型后，将保护地自身所有资源整合以及综合分析，与自身实际结合，充分挖掘和利用好自然保护地的自身资源，主要包括自然生态、人文社会、经济发展等，同时不仅要关注显性的资源，还更要关注隐性的资源，如人才智力、人才专业水平等。

在对保护地资源整合分析的过程中，诸多资源将会呈现出来，这个时候就需要我们给所有资源的优劣顺序排个号。在寻找切入点的时候，一般是以保护地的优势资源作为突破口。除此以外，在选择突破口的时候，还应该综合考虑到保护地特色资源。

突破口的选择是寻找自然教育活动切入点最关键的一环，然而切入点的选择仅靠一次活动或者单一的资源构架是无法完成这一过程的。所以在突破口的基础上，还需要辅助以保护地的其他资源，以确保自然教育活动的顺利开展。只有在摸清"家底"的基础上，再来整合其他资源，才能确定切入点。

三、如何制订规划

保护地在明确自身定位以及找准开展自然教育活动的切入点之后，就需要根据切入点的活动开展来为整个保护地的自然教育活动制订规划。

 1 分析自身，发挥优势

资源分析	确定方向	采取措施	反馈总结
自然资源	科普	课程设计	预期效果
人文资源	艺术	营地建设	活动调整
人力资源	探索	对外宣传	经验总结
其他	其他	其他	其他

做好自身评估，找准切入点，观察并记录该切入点的活动开展情况。切入点必然是以优势资源或特色资源为主导的。根据活动开展情况对活动本身进行调整，同时也为后期开展其他活动总结经验。

 2 合理利用自然资源

自然资源是自然教育活动三要素之一，同时也是自然教育活动的前提。保护地在活动开展以后，要根据前期开展活动的经验，对没有利用到的自然资源进行合理利用，丰富保护地的活动类型和内容。利用的方式有两种。

（1）将其融入现有的活动中，丰富活动的内容（例如天目山自然保护区在儿童溯溪的活动中加入了溪谷生态考察，把体能锻炼和自然生态环境有机结合）。

（2）作为独立活动或者课程的突破口，进行新的课程活动设计和开发。

 3 人才聚集与培养

人才资源是自然教育活动三要素之一，同时也是自然教育活动的基础。在对自然资源合理利用后，相对应的人才也必须到位，课程和活动都是需要人力来开展的。

人才培养首先需要被培养对象具备一定的专业知识和教学能力，在此前提下，我们可以把培训分为岗前培训和在岗培训。

（1）岗前培训：主要针对新员工，旨在帮助新员工更好更快地融入保护地工作环境，更深地了解保护地的理念以及知晓自己主要工作内容与工作方向。岗前培训的重点在于自然教育理念的理解以及相关活动如何开展，同时辅以保护地制度、环境、文化方面内容的普及。

（2）在岗培训：岗前培训是为了让员工理解何为自然教育、如何开展自然教育等问题，而在岗培训是为了开发员工的潜在能力、提升员工自身技能和工作能力，让自然教育活动更好地开展。

 ４　设计课程与活动

自然课程与活动也是自然教育活动三要素之一，同时也是自然教育活动的核心。它是自然教育培训师用来让人们更深层次感受大自然的工具。自然教育课程与活动的设计必须在自然资源与人才资源充足的前提下进行，因为课程是人依据保护地的自然资源合理设计出来的。

同时，课程与活动设计的过程也是保护地丰富经验和积累素材的过程，在这个过程中，新的课程源源不断地产生，各种资源被调动，是制订规划过程中效能最高的一个阶段。

 ５　编写活动手册，开发校本教材

在积累丰富经验和大量活动素材的前提下，保护地可以从自身实际出发，结合自身需要，逐步去编写面向社会的自然活动手册和面向学校的一系列校本教材。这一方面为自然教育活动推广普及做准备，另一方面也是保护地自身实力的一种体现。

 ６　硬件设施利用与建设

硬件设施与自然资源中的场馆设施其实是有部分重合的，保护地原有的场馆设施（比如博物馆、科研场所）在设计课程时可以加以利用。但从推广的角度来说，仅有这些场馆设施是远远不够的。比如与学校深度合作时，学校到保护地开展两天以上的研学课程，就会涉及住宿、吃饭的问题，这些都需要充足的硬件设施来支持。

根据课程以及后期推广的需要，应该合理利用保护地原有硬件设施，在不违反保护地保护条例的前提下，有目的性地建设课程配套硬件设施，以确保课程及推广能正常进行。

⑦ 社会推广，建立合作

　　保护地有了属于自己的活动、活动手册以及校本教材之后，可以面向社会全面推广，自然教育活动以保护地为中心，先向周边扩散，或者定点联系社会单位，寻求合作，聚集社会力量，最终形成合力。

案例 天目山自然保护区大地之野自然学校

大地之野成立的初衷是什么？

　　天目山拥有国家级自然保护区，也是4A级风景名胜区，经过十几年的发展，景区已从传统的观光旅游开始转型，保护与发展的矛盾依然存在。既能保护天目山原有的生态环境，又能使景区得到良好的发展，成了一个亟须解决的问题。

　　大地之野的创始团队从这一矛盾出发，拜访多位专家学者，经过多次考察国内外同类型景区发展历程，最终发现自然教育是解决这一矛盾的有效运营手段。通过引导人们了解自然、爱护自然、师法自然，达到自然保护素养的提升等，将观光旅游升级成观光+研学旅游。由此，大地之野应运而生。

▲ 保护区观鸟手册

▲ 保护区生态环境

大地之野发展历程

年份	工作人员	场馆设施	课程体系	参与群体
2016年	9人；均大学本科毕业	山下基地（教室、宿舍、食堂）、周边景区设施（亭子、步道）	以自然体验、自然艺术手作为主，可做课程只有6个左右，无体系	针对儿童，活动主要是朋友或者朋友介绍来参加，年参与量低于600人，回头率不高
2017年	20人；大学本科以下9人，大学本科水平11人	山下基地（教室、宿舍、食堂）、周边景区设施（亭子、步道）、保护区博物馆	新增加自然导赏、螳螂大作战等20多个课程，可实施课程30多个，逐渐形成体系化（科普、艺术、探索3条主线）	针对儿童以及亲子，活动主要靠朋友介绍及朋友圈宣传口碑，年参与量超过1 500人，课程吸引力增强，回头率较高
2018年	33人；大学本科以下12人，大学本科水平20人，研究生1人	山下基地（教室、宿舍、食堂）、周边景区设施（亭子、步道）、天空之城营地（教室、宿舍、食堂）、景区博物馆	可实施课程达300个，科普、艺术、探索3条主线成熟，混合类课程开始占主导，课程研发部门成立	针对儿童、亲子及成人，活动宣传除了朋友介绍、朋友圈推广口碑推广外，又加入了公众号推广以及一些广告，年参与量超过3 000人，课程吸引力增强，口碑好，回头率高
2019年	45人；大学本科以下12人，大学本科水平30人，研究生3人	山下基地（教室、宿舍、食堂）、周边景区设施（亭子、步道）、天空之城营地、景区博物馆、市区各个公园及学校	课程精炼到30个，科普、艺术、探索3条主线融合，一切从科学的角度出发，形成有科学温度的自然教育	针对儿童、亲子及成人，活动宣传除上述外，有专门的团队进行推广，年参与量统计中，课程新颖而具有科学温度，广受好评

　　3年的发展过程中遇到了诸多困难，也收获了不少的支持和帮助。以下主要从团队理念、保护区的互动、人员发展、设施建设、课程体系、未来方向6个方面加以阐述，以供有志于在保护区开展自然教育的同仁参考。

　　（1）团队理念：在经历无数次的头脑风暴后，我们确立了自己的使命——在自然中培育影响未来的种子；愿景——成长为中国自然教育的一棵大树；价值观——热

▲大地之野logo

爱自然、热爱生活、热爱创造、尊重自然、尊重生命、尊重天性、体验至上、服务至上、团队至上。我们的logo以地球为主体设计，外围WILDNESS OF THE EARTH（大地之野），用森林中的动植物象征大自然，填充表达各个大陆板块，表达出在这里人不是主体，自然界的动植物才是主体的概念，以他们的视角来看这个世界，用大地之野的英文首字母组成了we，意为天人合一。

（2）保护区的互动：在大地之野的成长过程中也离不开保护区的扶持和帮助。天目山国家级自然保护区管理局多年来记录了丰富的有关天目山的资料，对大地之野进行了多次培训，同时向大地之野引荐高校师资资源，帮助对接其他保护区资源，对接各类生态保护、野生动植物保护的培训资源，使大地之野吸收了全面实用的专业知识。

▲天目山保护区管理局局长杨淑贞为大地之野做培训　　▲天目山保护区管理局工程师赵明水为大地之野做培训

（3）人员发展：自然教育不同于一般旅游活动，需要具有专业知识与技能的人才。大地之野主要采取了以下方式发展人才，一是依托周边高校资源，引进专业型人才。浙江农林大学与天目山同属临安，距离最近，农林类高校培养的学生非常符合大地之野的人才要求，事实上，浙江农林大学也为大地之野输送了大量宝贵人才。二是外出培训必不可少。大地之野员工可以享受每年的外出培训，可自主选择需培训的内容，强化专业深度，扩大专业广度。三是聘用高级顾问。聘用同济大学的生物学专家郭光普副教授、中国美术学院杜铭秋副教授为特约顾问，为大地之野提出许多有效的策略。今天大地之野一线员工共计30人，全部为本科及以上学历，其中3人为植物学和城乡规划专业研究生。

（4）设施建设：大地之野的营地建设尽可能地减少对保护区的污染。对建筑材料严格控制，墙体粉刷采用环保防潮的硅藻泥材料。营地随处可见自然元素，用树枝枯叶制作的艺术品手作，墙体上关于自然艺术的卡通画等。在原有房子的基础上进行改造并加入自然元素，借鉴宫崎骏的动漫《天空之城》，仰望天空，充分遐想，由此形成大地之野天空之城营地。在天空之城，我们以自然名命名功能厅，例如教学楼取名"萤火之森"，教室以"山之巅""水之涯""雪之声"为名，充满森林童话色彩，以传递"传灯"和"星火"为理念，用大地之野自然教育的点点萤火，呼唤其他荧光，一起点亮这片森林。

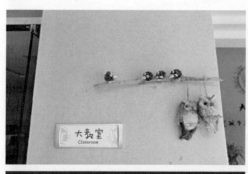

　　（5）课程体系：大地之野通过向日本、挪威、瑞典等国以及我国台湾等国内外先进的自然教育机构考察与学习，邀请日本黑松内自然学校的高木晴光、三木老师进行指导，结合国内自然教育发展现状和天目山优越的自然资源，研究出一套适合中国自然教育的课程体系。在课程体系研发过程中离不开天目山国家级自然保护区管理局的支持和帮助，为大地之野探索自然教育课程提供通行证，与大地之野共享资源。2016—2019年，大地之野自然教育课程从6个增加到300多个，经过筛选与精炼，最终形成30个精炼课程，自成体系，科普、艺术、探索3条主线融合，一切从科学的角度出发，形成有科学温度的自然教育。

（6）未来愿景：接下来大地之野会不断完善课程体系，完善国内自然教育发展体系，增强对人员的管理和培训，做精细化课程方案。做好城市体验店的输出，把自然教育的理念和课程搬到城市，把城市中的公园、社区利用起来，作为学员和大自然的连接点，扩大民众对于自然教育的认知，从而获得更多的热爱自然的人。预计3年把行之有效的课程体系和运营体系输送到有相应需求的保护区、景区或者其他机构，扩大整体自然教育营地群落。

第十九章
Chapter 19
利用自然生态资源和场馆设施

一、自然生态资源与场馆设施的定义

 自然生态资源

　　自然生态资源有别于自然资源。自然资源的外延比较广，是指自然界赋予及前人留下的可直接或间接用于满足人类需要的所有有形之物与无形之物。能满足人类需要的整个自然界都是自然资源，它包括空气、水、土地、森林、草原、野生生物、各种矿物和能源等。而自然生态资源，原本是指以某种生物为中心的生态因子（对生物有影响的自然地理要素）的总和。把生态环境当做资源，主要是从人类生存和可持续发展的角度出发，强调保护生态环境的重要性，而非开发利用。这里所涉及的"资源"概念，区别于直接的经济价值上的自然资源概念。自然生态资源是由生物群落，以及非生物自然因素组成的各种生态系统所构成的整体，主要或完全由天然因素形成，并间接地、潜在地、长远地对人类的生存发展产生影响。

2　场馆设施

保护地内的场馆设施，即保护地内的宣教场馆，可以是博物馆、科学馆、实验室以及生态馆等。自然保护地可根据《国家级自然保护区规范化建设和管理导则》的相关规定，即自然保护区可根据参观人数、宣教需要建立宣教场馆，满足环境教育和生态旅游活动要求。年实际接待参观人次在5万以上的自然保护区，可设置宣教中心，年实际接待参观人次在1万以上的自然保护区可设置宣教馆，其他自然保护区可在管理局内设置宣教室，宣教场馆可设置陈列展览室、多媒体放映室、图书资料室等，并配备宣教、通风、除湿、防火、防盗等设施设备。

自然生态资源与场馆设施平台的利用要做到相辅相成、相互促进，才能更好地做到可持续发展。

▲ 渔猎文化博物馆

二、利用自然生态资源的基本原则

1　遵循相关法律法规

在保护区地利用自然生态资源，首先应该遵循相关法规。《中华人民共和国自然保护区条例》第三十二条规定："在自然保护区的核心区和缓冲区内，不得建设任何生产设施。在自然保护区的实验区内，不得建设污染环境、破坏资源或者景观的生产设施；建设其他项目，其污染物排放不得超过国家和地方规定的污染物排放标准。在自然保护区的实验区内已经建成的设施，其污染物排放超过国家和地方规定的排放标准的，应当限期治理；造成损害的，必须采取补救措施。在自然保护区的外围保护地带建设的项目，不得损害自然保护区内的环境质量；已造成损害的，应当限期治理。"

2　原生态

保持自然生态资源的原生态。要全面了解本地自然生态系统的特别之处，尽最大努力保留及维护原有风貌，使其保持本真、活力、多样。避免过度的人工化改造、盲目改造，以及随意清除原本的植物、引进外来观赏植物、移栽大树等破坏性建设。尽量利用现有的道路、场地及建筑，在这个基础上进行修复、微调或添加，从而减少对自然生态环境的干扰和破坏，或者寻找和选择无机土地进行新的建设，而不是大规模开辟新的区域线路，必须保持自然生态资源的原有风貌，最大限度地减小对环境的冲击。

 本土化

以本土化为原则，顺应自然生态资源的原有特色。在规划利用前，必须对当地自然生态环境进行全面了解，在这个

▲ 大地之野天空之城

基础上，以自然环境为主体，将规划设计的内容作为整体的一部分来考虑。无论以什么议题为主要内容，都要将保护地原有的元素作为设计考量对象，因地制宜，顺势而为，使之与保护地整体和谐，绝不能本末倒置，仅仅将自然环境作为资源和背景，为了建设而刻意改造自然环境。要保证生态资源的整体性，最大限度地在保护自然环境的过程中有效利用自然生态资源。

三、自然生态资源的利用

 硬件设施的利用

自然教育的主体是自然环境本身，所以要尽可能地将环境本身的特性展现出来，而不是注重硬件设施。因此硬件设施必须按照利用自然生态资源的本土化原则，突出自然环境，让使用者更好地发现自然、体验自然。要用简单、朴素、不突兀的设计方式实现其功能，遵循极简原则，少即是多，保留必要的基本设施，如座椅、分类垃圾桶、卫生间、指示牌等，去除多余的设施，如过多的指示牌或讲解牌，这些过多的设施会破坏自然环境原有的风貌。

 设置生态小径

在保护地的自然环境中，生态小径的规划非常重要。不合理的路径会破坏当地的生态环境，轻则破坏植被及自然景观，重则割裂野生动物栖息地，影响其生存繁衍。因此生态小径的规划和修建对专业技术要求非常高，不仅要求设计者及修建者具备基本的职业资质，还要具备相应的生态知识和环保理念。

生态小径是来访者在保护地内用身体感受自然最直接的部分。路径设计可以采

用当地原有材料进行手工建造，可以给人带来舒适、有趣、丰富的感受。以生态小径为主，通过变化的路面质感、宽度、元素，让人应接不暇，感受不同环境的转化，同时又可以减少对环境的破坏及干扰。生态小径的材料可以直接采用当地现有的元素，例如采用木屑进行堆积，这样不仅踩上去松软、安全，并且还可以与自然相融合，也可以采用隔空的木道，不破坏原本的有机土地等。切忌采用如水泥、柏油等外来材料来设置宽大而突兀、坚硬而乏味的道路。

保护地自然环境中生态小径的主题与内容也很重要。设立与保护地相呼应的主题，根据主题建设具有本土特色的生态小径，既可以与整体环境相融合，又给旅程增添了趣味性。一条有特色的生态小径也应该是一条会讲故事的生态小径，它可以让来访者感受当地的生态变化以及人文风情。在木质步道上加入树叶拓印、动物抓痕等元素，可以使木道更鲜活。生态小径还可以根据当地的环境特征，设计符合主题

▲ 松软且与自然融合的生态小径

的活动设施，如独木桥、盲径、树屋等游戏设施，还可实时开展互动性活动，丰富生态小径的内容，增加趣味性，延长来访者在生态小径的停留时间。

 指示牌及解说牌

指示牌对来访者非常重要，应该设置在容易被看到的区域，且要与自然相融合。简洁朴素的指示牌配以清晰的地理位置、距离及明确的方向指示，可以更好地引导来访者。

解说牌的内容设计应该是有趣的、图文并茂而又通俗易懂的，与人们的实际生活相联系的，可以随着时间变化而变化的。过于专业、抽象的解说会使来访者难以理解，从而失去对解说牌的兴趣。同时解说牌的外观设计应该简单明了，但又引人注目。在设计时，要注意金属和木刻解说牌可能因为反光或者掉色而无法辨析，所以应设计便于更换的解说牌以便于长久使用。解说牌的主题内容设计需要有几个特点：主要介绍保护地的重要资源，必须涵盖全部重点资源，注重自然生态资源与人的相互情感，每个主题都必须是完整易懂的。优秀的解说主题可以给人留下深刻的印象。

▲东天目景区解说牌

▲香港麦里路径指示牌

四、利用场馆设施的原则

 1　与自然生态环境相呼应

场馆也可以看作一种硬件设施，且是体量最大的硬件设施，所以更要注重与环境的关系。场馆的设计应遵循本土化原则，其选址、建筑体量、形态应充分考虑与当地自然环境资源的协调性，烘托自然生态环境。对于来访者来说，具有本土特色的场馆有助于更进一步地了解当地的自然环境资源。

同时，场馆的选址及设计应遵循绿色建筑原则。绿色建筑是指在建筑生命周期（指由建材生产到建筑物规划设计、施工、使用、管理及拆除一系列过程）内消耗最少地球资源，使用最少能源及制造最少废弃物的建筑。可以充分利用本地资源，选用废弃场地进行建设或选用废弃建筑进行改造。场馆的建设不能破坏当地的文化古迹、自然水系和其他保护地，减少对自然生态环境的冲击。

 2　以人为本

场馆为来访者提供了参观学习的场所，所以应遵循以人为本的原则。首先需要实现便利化。交通便利，场地到达公交车站点步行距离不超过500米。充分开发地下空间作为停车场、公共活动场所或设备房等。停车便利，充分考虑场馆周边道路、停车场的绿化和遮阴。使用便利，所有的设施无论是大人、小孩，还是残障人士，都可以使用便利，包括卫生间、设施平台、无障碍通道等。明确场馆面向的受众群体，针对不同受众，设计不同风格的场馆、设施及展品。场馆内的设施应具有美感，可以吸引来访者的关注和参与，而不是只讲求枯燥的专业知识。

五、场馆设施的主要项目

 1 教育设施

　　场馆内的教育设施可以展示本土资源，包含植物资源、动物资源、地质资源、文化资源等，可以通过播放纪录片的形式进行介绍，也可以通过展览的形式呈现，还可以通过小型生态屋的形式引导来访者参观。

▲ 佛坪秦岭人与自然博物馆

 2 活动实践体验

　　设置可以进行实践的区域，例如手作坊——可以让来访者动手制作小动物、压花书签、盆栽、拓印等；陶艺坊——让来访者亲自体验陶瓷的制作；堆肥实验——体验堆肥的过程，并可以带到生活中去……活动实践体验区域可以增进来访者的体验感，加深印象。

 3 电子设施的应用

　　将自然生态环境的内容用电子设施来展现，可以结合短视频，用这种较为直观的方式来吸引更多来访者使用。同时解说词也可以利用电子设施进行播报，让解说变得更加便捷，将解说词从文字、图片改为用视频的形式呈现，可以让来访者从单纯的视觉

▲ VR技术让观众对考古现场或场景的再现身临其境

观看变为感受更加丰富的视听体验。还可以巧妙运用计算机技术，结合灯光和各种设施进行设计，让展览更加逼真。

六、总体意义

在自然生态资源的可持续利用过程中，在有效保护自然原生态的同时，还可以增加自然生态资源的内容与趣味性，提升人们对自然的好奇与兴趣，树立保护环境的意识，从而实现人与自然和谐相处，促进可持续发展。

场馆设施平台的建设，是对保护地自然资源的升华。场馆设施平台的建设，可以使保护地内的自然生态资源科学系统地呈现给来访者，让来访者更系统更深入地了解当地的自然生态资源。

自然生态资源与场馆设施平台的合理利用，可以为自然教育者提供丰富的素材，让他们策划出有趣的活动，让孩子们可以安全直接地接触自然，感受自然，体验自然。

在保护地的自然生态资源的利用过程中，应以自然生态资源为主体，所有的硬件设施建设都必须围绕保护自然生态环境的原则，树立环境友好价值观，从而真正做到自然生态资源的可持续发展利用，并融入到日常生活中，有效促进人与生态乃至整个自然的和谐相处。

附录　陕西牛背梁国家级自然保护区北沟森林体验基地

牛背梁保护区是以国家Ⅰ级保护动物羚牛及其栖息地为主要保护对象的森林和野生动物类型自然保护区，位于秦岭山脉东段，横跨秦岭主脊南北坡，地处柞水、宁陕、长安3个县（区）交界处，海拔1 100～2 802米，总面积16 418公顷，是"秦岭自然保护区群"的重要组成部分、秦岭东段生物多样性最为丰富的地区，处于羚牛秦岭亚种模式产地的东部边缘，在"中国生物多样性保护行动计划"中被确定为40个最优先的生物多样性保护地区之一。牛背梁自然保护区内蕴藏着众多的珍稀动、植物资源，是物种遗传的基因库。对秦岭而言，它具有一定的典型性及代表性，具有很高的保护和研究价值。

牛背梁北沟森林体验基地建成于2013年，为陕西省首批森林体验基地之一。该基地位于保护区南部、商洛市柞水县营盘镇北沟保护站辖区内，距离西安市70千米，由森林科普中心、野外体验线路两部分组成。

森林科普中心位于保护区北沟保护站院内，设有野外视频监控系统、手工创意展示室及动植物科普展板。野外体验线路位于保护区北沟内，体验线路全长3

千米，设有主要树种识别区、岩石认知点、植物大类群感知点、鸟巢体验区、高负氧离子体验点、运动能力测试点、亲水互动点、土壤认知点、休憩游戏创作区、森林药房、根系展示区、森林休闲区共12个体验区（点）。体验基地在活动中注重体验者的感受性、科学性和互动性，现有热身活动、森林筹算、大自然笔记、树脸朋友、纸魔方、寻找植物朋友、森林舞台剧、手工创意、水土保持实验等体验项目30余个。

树种识别：通过触摸树皮树叶，嗅闻树叶味道，品尝植物汁液，看树叶及树枝形状，根据图片寻找植物的植物小侦探等方式，了解和识别不同的植物种类。以油松与华山松的区别为例：让体验者亲自数一数油松和华山松的松针各是几针一束，并观察树皮的颜色和粗糙程度，学会分辨两种松树，并学会根据松树分层的多少来大致确定一棵松树的年龄。

蒸腾实验：在不同的树种枝叶上套上透明塑料袋，几个小时后让体验者观察袋子上凝结的水珠，了解植物叶子的蒸腾作用，并对比针叶树和阔叶树对水分蒸腾的速度快慢区别，了解针叶树耐旱、冬季不落叶的奥秘所在。

水土保持实验：在水土保持实验箱上，用同样强度的水量喷洒在不同的生境，观察水流渗出的速度和清澈程度，从而总结出森林植被对于水土的涵养作用及为何山有多高水就有多高。

土壤认知：通过体验者亲手抓取林区的土壤层，感受其温度、松软度、颗粒

粗细及观察成分构成，了解土壤的主要成分和分类方法。还可以让体验者摆放出树叶不同腐化阶段的过程实物图，了解有机质如何在微生物作用下分解成土壤一部分。

纸魔方：通过让体验者挑战专题制作的智力玩具，锻炼动手和创新能力，提升其识别野生动植物的兴趣。

盲行：通过让体验者两两分组，轮流体验蒙着眼睛去抚摸和感觉一棵树或一块石头，调动其敏锐细致的观察力和感受力，之后根据记忆重新找到刚才的物体，通过这个游戏充分体会自然界中树皮的纹理、树叶的外缘、石头的质地及不同物体的气味差异。

北沟森林体验活动启动以来，受到体验者的一致好评和社会广泛关注，中国人民政治协商会议全国委员会委员、人口资源环境委员会主任贾治邦曾带领全国政协调研组来基地开展调研。北沟森林体验活动先后荣获陕西省科协、省教育厅、省环保厅颁发的"陕西省科普日优秀特色活动"、中国科协颁发的"全国科普日优秀特色活动"称号。

第二十章
Chapter 20
开发自然教育课程和活动项目

依据自然保护地的实情，立足于保护地的环境生态、人文相关资源，挖掘出保护地的特色所在，调研保护地的目标受众情况，清晰受众的身份属性和需求期待，以此来有针对性地开发系统、整体、连贯、灵活、富有特色的自然保护地课程和活动项目，达到引导受众关注自然、了解自然并最终与自然和谐共处的目的。

一、开发自然保护地课程和活动项目的意义

开发自然保护地课程和活动项目，能充分利用保护地的资源，更直接的自然体验能缓解受众的"自然缺失症"，重建受众与自然之间的联结，提升受众的自然体验感，增强受众对自然的喜爱之情，从而学会更好地尊重自然，保护自然，与自然和谐相处。

开发自然保护地课程和活动项目，是自然保护地与社会相互联系的需要，以此达到自然与受众的破冰，是自然保护地的特色创新；而在培养受众对自然的深刻认知的同时，还可以打响自然保护地的品牌。

开发自然保护地课程和活动项目，既能让受众了解自然知识，又能通过自然课程和活动项目打开受众的眼界，让受众得到不一样的自然知识体验。独特的自然体验和探究活动，可以让受众认识保护地的相关动植物、地质地貌、天文气象等，从而提高受众的创新探索能力，增进受众的社会责任感。

二、如何开发课程和活动项目

关于自然保护地对自然教育课程和活动项目的开发，可以从以下7个方面考虑。

自然保护地的目标受众

要先考虑受众的身份，以便做到有的放矢。学校组织来的十来岁左右的研学学生、周末来游览的亲子家庭、父母送来参加寒暑假长期营的孩子等，不同属性的受众有不同的需求和期望。

（1）受众属性。在开发课程和活动项目时，要考虑受众的年龄阶段、身份、受教育水平、学习方式、文化传统、语言、集中到来的时间段等。

（2）受众期待。我们需要回答以下问题："来自然保护地的受众希望在这里做些什么？他们期待看到什么，学习和体验到什么，收获到什么？"我们需要通过调查研究（问卷、网上投票、讨论等方式）来得到大多数受众最有可能期待的内容，才有可能开发出与之相应的自然保护地的课程和活动项目。

 自然保护地的资源

作为一个自然保护地，了解自身的资源和特色所在，是开发课程和活动项目的基础之一。首先要了解保护地的基本情况（即地理位置、地理优势、面积、森林覆盖率和获得的称号荣誉等）；其次需要知道保护地的历史变革、文化变迁等人文资

源；最后，掌握保护地的生态资源更是必不可少的。最终形成因地制宜、讲究特色、独具一格的课程和活动项目。

（1）生态资源：植物、动物、地质、气象、天文。生态资源是自然保护地的特色，通过掌握生态资源，可以开发出一系列的自然课程和活动项目。比如在动植物方面可以开发自然科普课程，在地质方面可以开发自然探索课程，在天文方面可以开发自然观星课程等。

（2）人文资源：红色文化、宗教文化、历史文化。有些自然保护地会有一些历史遗留下来的古刹、佛寺、道观、民国建筑、革命基地等。在开发课程和活动项目时可以将历史文化、红色文化和宗教文化融入到课程里。

③ 内容的内在联系和逻辑联系

加强自然保护地内各个资源之间的联系。即课程内容要和自然保护地的资源相互照应，彼此关联，不能脱离自然保护地的自然环境。

④ 安排的整体性和灵活性

课程安排需要系统、连贯且灵动，既要有整体性的系列课程，也要有针对半日、一日或长期营开发的灵活的课程。

（1）课程整体性系列。作为有着丰富的生态、人文资源的自然保护地，需要配有连贯的整体系列课程，即根据保护地的资源开发相应的系列课程。如自然科普系列，自然科普系列又可划分为动物篇和植物篇；自然艺术系列，即利用自然材料进行艺术创作；自然探索系列，即利用保护地的山川河流、古树名木等资源开发户外探索项目；自然野餐会系列，即在自然环境周边体验野趣饮食文化。

（2）课程单个系列。在系列课程里有不同模块的单个课程。单个课程是整体课程的一部分，与整体课程相辅相成。自然保护地四季分明，每个季节都有各自的特色所在，这在自然科普整体课程系列中表现得尤为明显。不同的季节有着不同的动植物生态变化，而自然科普系列又分有动物篇和植物篇，在动物篇中可以介绍在不同季节里活跃的不同的动物，如春天的蝌蚪、夏天的蝉、秋天的螳螂、冬天的鸟类等。同样的，自然艺术可按用于创作艺术作品的不同自然材质来分类，如石头画、木头画、枯树枝手作、拓印等。自然探索亦是如此，有攀岩、攀树、攀石等。从上面的例子可以看出，系列课程里包含了众多单个课程，但是单个课程的逻辑主线要始终和整体课程保持一致。

 5　方法的多样性和主题的统一

（1）教学方法多样性：讲解式教学、启发式教学、体验式教学、实验教学、问题导入式教学等。面对不同属性的受众，我们不可能用同一种教学方法满足他们的期待，所以针对不同受众，教学方法需要多样性。比如年龄不到10岁的孩子，即便对自然环境中的动植物感兴趣，也难以接受对动植物的专业式讲解，故而需要辅以体验式和启发式教学。但初中阶段的学生的认知和接受能力相对较强，所以建议在课程开发中采用问题导入式，激发学生思考，培养学生解决问题的能力等。

（2）主题统一：课程主题要整体、统一。每一个课程都需要一个统一的主题，避免脱离课程。

 6　动静结合注重体验

课程中有动有静，动静融合，加强学生的体验感。

（1）动：活动式课程。活动式课程指的是主要用身体参与的课程活动，如五感观察类、探索类课程，这类课程往往需要调动身体的各个部分。

（2）静：传授式课程。传授式课程指的是自然导师讲授自然知识，受众相对安静地聆听。

⑦ 注重细节尊重自然

整体的课程大纲框架要搭好，同时也不能忽视课程的细节。如课程带队的技巧、讲解的技巧、课程所需物资的准备情况、提高课程仪式感的技巧等。细节有时候会决定课程的成败。同时，作为与自然保护地密切相关的课程，课程的最终宗旨是要引导受众学会尊重自然，所以应通过课程潜移默化地影响受众群体形成保护自然的意识，培养出保护环境从身边小事做起，从我做起的好习惯。

三、课程和活动项目的开发流程

具体的目标受众和自然保护地的资源确定后，便可以针对保护地的情况确定课程的系列模块，并搜集相关资料，邀请专业人士做培训和指导，梳理课程和活动项目，研讨方案，达成共识，设计课程和活动项目成册，最后落实。

确定受众和资源→制定课程大纲→收集相关资料→专业人员培训并分工→研讨方案→进行记录→设计成册→最终落实。

（1）确定受众和资源。确定目标受众，即什么样的受众会来自然保护地，自然保护地会吸引什么属性的受众群体，受众群体希望自然保护地有什么样的课程和活动项目？调研和整合保护地的资源，即自然保护地有哪些资源和特色，哪些资源可以开发哪些课程和活动项目？

（2）制定课程大纲。在了解受众和资源的情况下，根据自然保护地的定位和目标，制定相应的课程大纲，即划分课程系列，进而细化每个系列中的单项课程和活动项目。

（3）收集相关资料。根据制定好的课程大纲和已有的保护地资源资料，有目的地收集相关课程的资料，这些资料是课程和活动执行的坚实的知识储备。

（4）专业人员培训并分工。自然保护地需要邀请相关领域的专业人才（如高校教授、其他保护地的人才等）对课程做一些具有建设性的指导，或外派保护地的工作人员到专业机构或院校进行进修等，通过培训和学习，使课程开发和活动策划得到更好的帮助。分工即不同人负责不同模块的课程和活动项目，各领域的人员负责相对应的专业领域，使课程和活动项目更科学更专业。

（5）研讨方案。同一个课程和活动项目通常会有多种不同的方案，所以需要通过多次研讨和头脑风暴，才能择出最优方案。

（6）进行记录。每一次课程的研讨，都需要记录研讨中的关键点，如为什么可行，为什么不可行，哪里还需要优化和改进？每一次课程的执行也需要记录，方便后面对课程进行增删改进。

（7）设计成册。所有课程和活动项目都确定好后，都需要设计成册。册子可以设计成地图式、活页式、通用版本等，既可以作为保护地的课件资料，也可以做宣传使用。

（8）最终落实。课程和活动项目都需要在实践中被检验，只有通过受众群体的检验，才能知道课程和活动项目是否具有可行性。

四、课程和活动项目的总结提升

课程和活动项目不是一成不变的，他们需要在多次实践和总结的基础上不断进行完善和提升。

该如何进行总结和提升呢？首先需要每个课程和活动项目执行者反馈自身在实践中的直接观感和体验；其次可通过对受众群体进行课后询问、网上问卷、电话回访等方式收集到受众群体的意见和建议，总结课程和活动项目的不足之处，并将所有有建设意义的建议提炼出来；最后，当今社会是一个形势与需求不断发展的社会，课程和活动项目需要与时代发展、受众需求相接轨和适应。因此可以通过内部研讨和外部学习交流，使工作人员的自身认识得到提高，使课程和活动项目的质量得到提升。

案例 整体课程系列

天目山国家级自然保护区系列课程开发

了解保护区的资源及相关情况

天目山的山体形成于1.5亿年前燕山期地壳构造运动中的火山喷发，它既是一个地理概念，也是一部天然的自然、历史、人文教科书。天目山地质古老，植被覆盖率达95%以上，是华东区唯一的原始森林，有"大树王国"之称。

天目山植被完整，堪称世界自然宝藏。天目山是世界唯一野生古银杏子遗地、"地球独生子"天目铁木生长地，有12 000年"地球活化石"古银杏之祖、全球最高金钱松、世界罕见柳杉群落，山内共计有2 000多种植物和4 000多种动物，是一个天然植物园和物种基因宝库。

天目山更是文化名山，拥有悠久的历史和深厚的文化积淀，多个朝代的帝王权相、名师高僧、文人墨客等在天目山留下了自己的足迹，也给天目山留下已延续了1 900年的师法自然的传统。

掌握天目山自然保护区的受众情况

（1）高校学生和中小学学生

天目山动植物物种丰富，每年都有来自各高校动植物、生态学等专业的学生实习。中小学生大多来自附近学校，学校班级会组织一些短期实践活动，作为学校课堂教育的补充。

（2）户外爱好者和驴友

"天目七尖"的说法广泛流传于"户外界"，"七尖"是指从西天目山—仙人顶到东天目山—大仙顶（或者反穿）山脊穿越要翻过的7座山峰。"七尖连穿"是浙江省十大徒步线路之一，因强度大、难度高，所以穿越"七尖"对户外爱好者和驴友来说是极具诱惑力的挑战。

（3）夏季避暑度假游客

天目山的地理环境和森林效应使山内形成了特殊的小气候，仙人顶年平均温度8.8摄氏度，山麓为14.8摄氏度，为人类的休闲、度假、旅游等创造了一个极好的环境。

（4）政治活动受众

天目山还是著名的红色文化之地。周恩来演讲纪念亭位于韦驮殿东"百子堂"旧址，是红色文化之旅中著名的站点。

（5）宗教信仰受众

天目山宗教历史悠久，有开山老殿、禅源寺等宗教建筑，更是韦陀菩萨的道场。每到周末或特殊时节，来进行拜佛、烧香等仪式的宗教信徒和香客络绎不绝。

课程性质

以自然教育为特色，可作为体制教育的拓展和补充。

课程理念

根据天目山自然保护区的相关情况，以自然体验教育为核心，以"自然力"和"STEAM"为理论指导，涵盖科学、艺术、探索三大体系。

课程目标

提供自然环境中的体验式和沉浸式教育，培养孩子的自然探究精神与能力，锻炼体格，孵育艺术种子，塑造人格。

课程内容与活动方式

根据天目山的动植物资源丰富度，可开发自然科普系列课程；天目山的枯枝落叶、泥土、石头等材料可利用于开发自然艺术系列课程；天目山的地质地貌丰富，山脉、岩石各异，由此可开发自然探索系列；天目山的历史文化和遗址突出，可以开发人文系列课程……

自然科普系列——动物篇	自然科普系列——植物篇
寻找动物的痕迹	植物探秘
拯救蝙蝠侠	神奇的叶子
天目螳螂侦探案	种子的旅行
蝴蝶连连看	花朵的奥秘
神奇的蜘蛛网	夏有乔木
传奇鸟巢	

自然艺术系列	探索系列
自然名牌	溯溪
竹碗竹筷	大树王徒步
竹筏	攀树
枯树枝手作	攀石
树叶画	

野餐会系列	人文系列
小小食神	红色文化
竹林野餐会	

案例 单项课程

天目山桂花的奥秘

课程名称	桂花的奥秘
课程类别	科普
STEAM	科学（Science）
课程设计的理论基础	10～13岁生长发育特征：开始像成人一样思考，乐于挑战新鲜事物；显现出处理抽象概念的一些能力，但更喜欢具体的示例；好奇心增强、注意力提高；喜欢对提高身体灵活性有帮助的活动。 自然力体系：解决问题的能力；创造力；观察和动手力。
课程目标	提高学员发现问题、主动学习、信息分析的能力；掌握果实的相关专业知识，学会发现大自然的美，着重提高解决问题和观察事物的能力；培养学员间团结协作的能力；通过操作实践，学会使用工具。
教学方法	问题导入式学习（PBL，即Problem-Based Learning，围绕问题来组织学习过程，问题是学习过程的起点）； 项目导入式学习（Project-Based Learning）； 形态观察法；实验操作法。
适合季节	秋季
授课对象	10～13岁
课程人数/时长	10～30人；2～3小时
授课地点	大地之野大教室及周边的田野、自然环境

（续）

课程名称	桂花的奥秘
教具清单	问题卡片、桂花形态卡、蓝晒的配套材料
内容	1.导入 桂花猜猜猜：运用卡片介绍桂花的品种 桂花分四大品种：金桂、丹桂、银桂、四季桂 2.流程 （1）桂花大测试：让学员拿着各类桂花品种图片去野外寻找桂花时，尽可能找出图片上的品种并回答卡片上与桂花相关的问题（如问题一：当你找到第一株桂花树时，请仔细观察桂花叶片的叶脉，试着回答"桂"字的由来；问题二：当你找到第二株桂花树时，请仔细观察桂花的树皮，想一想我们平时用的"桂皮"是桂花的树皮吗；问题三：当你找到第三株桂花树时，想一想吴刚伐桂的故事，吴刚伐的是桂花树吗？） 测试结束之后导师进行讲解，同时让学员看不同品种桂花的照片，让大家讨论其中的不同之处以及桂花的形态特征。 （2）桂花形态卡填写：根据实地考察的结果，将桂花形态卡填写好。 （3）桂花蓝晒标本制作法：将铁氰化钾10%溶液和枸橼酸铁铵25%溶液等比例混合；混合好的溶液用刷子涂在纸上；将纸放在避光处晾干，并覆盖上桂花带花的枝叶；在强烈的阳光下晒10分钟；用水清洗。 3.分享 （1）桂花知识竞赛大比拼 （2）蓝晒标本 （3）小小植物解说员：每个学员选择桂花的一个相关知识点（如叶子、香气、品种、标本制作过程等）录制一个1分钟内的讲解视频。
注意事项及安全	避免施压教育、避免强调获胜和对表现制造压力； 不与其他孩子做比较； 避免使用机械或高重复性的方法教学。
知识准备	1.桂之名，源自叶？ 桂之名，源其叶脉形状。桂花叶子的叶侧脉非常独特，近乎平行，与中脉差不多是直角相连，形如"圭"（guī）字，故加"木"为"桂"。 植物志中桂花学名是木樨，清人顾张思在《土风录》中记载："浙人呼岩桂曰木犀，以木纹理如犀也。"此处的岩桂，亦为桂的别名，因野生桂花多生在山岩之间，故得此名。所以在古诗文中看到的木犀、木樨、岩桂之类的名词，皆为桂花。 2.铁树开花常在，桂花结果稀奇？ 说的不是桂花结果难，而是结果的时间比较独特。 一般植物都是春开花，秋结果，谓此为自然生长之道。但桂花却"逆天"而行，初秋开花，暮春结果，因此民间有"铁树开花常见，桂花结果稀奇"的俗语。 3.原本想着它"下半辈子"要黄了，结果却黑化了？ 桂花在秋、冬过完上半辈子，在第二年春、夏的下半辈子便开始挂果，但它挂的小果子常被人错认为芒果，这其实是桂树的果子。桂花一般每年9—10月开花，次年4—5月结果成熟，果实为椭圆形核果，果核细长，形如垂铃，长椭圆形，有棱，十分可爱，成熟时，外表皮由绿色变为黑紫色，并从树上脱落。

第二十一章

Chapter 21 | 编写自然教育活动手册

一、保护地为什么要开发活动手册

1 保护地具有宣传教育的职能

保护地需要有一本具有指导性、实用性、系统性的手册，来更好地的承担社会宣传教育的职能。

2 可以全面介绍保护地的基本概况

通过编写保护地活动手册的方式，可以从人文历史、植物、动物、天文、气候、地质等多个角度全面的介绍保护地，这不仅能让保护地工作人员对保护地进行全面了解，也能更好地对来访者介绍保护地，同时也是保护地综合实力的一种体现。

3 有利于有针对性地开展自然教育活动

不同的保护地有不同的地理位置及特色的自然资源等，因此编写当地保护区的活动手册有利于其自然资源作用的有效发挥。

4 有利于专职人员素质的提升和业务的提高

保护地专职人员可以根据详细的活动手册更深入地了解本职工作，更好更快地接手自然教育活动，对专职人员自身素质和业务水平的提高及保护地工作进度的提升都能起到重要的促进作用。

5 有利于来访者了解保护地的作用和工作

无论是保护地内部工作人员还是来访者，都可以根据保护地的活动手册，快速全面地了解到当地保护地的自然环境等基本概况，为后期开展自然教育活动打下基础。

6 有利于扩大保护地的社会影响与打造品牌

保护地活动手册除了作内部使用之外，也是对外宣传的一种方式，自然活动手册可以让更多的人了解当地保护地丰富的自然资源，以及具有当地特色的自然教育活动。

二、编写活动手册考虑的因素

 1 以保护地特有的资源为素材

每个保护地的地理位置、自然资源等条件都不同，除了常见资源（如动植物资源）外，各保护地还存在一些特色资源。在编写活动手册的时候，除了要设计常规活动课程，特色活动课程也是必不可少的，这样在发挥保护地当地特色的同时，也方便与其他保护地互相了解基本资源情况。

 2 注重活动选题、方法及模式的多样性，以适应不同受众的需求

活动手册在当地保护地特有的资源基础上，应根据不同年龄阶段（幼儿、小学、初中、高中、成人）、不同形式（亲子、学校组织、成人团队等）等情况来对活动进行设计和选择。面对需求不同的受众群体，开展活动的方式也有所不同，可以是集体进行，也可以是分组进行，因此活动手册也应有不同的模式，可以是详细型（通用型），也可以是简略型（地图型）。

 3 注重直观的视觉效果和受众的参与体验，设计相应的活动路线

在编写活动手册时，需根据当地保护地的情况来设计路线，如：设计路线时应尽量让受众在活动中可以直接看到、感受到保护地的植被情况、地质变化等，同时还可以设计一些活动让受众一起参与并加深体验感。

三、活动手册分类

活动手册主要是为了方便保护地开展自然教育而编写，根据不同的受众群体的需求，可分为两种形式：通用型、地图型。

 1 通用型

一般以册子的形式展现，内容比较详细，可根据此活动手册展开相关的自然课程。通用型活动手册需要注意以下3点内容。

（1）介绍当地保护地概要：当地保护地资源的类型及特点等基本情况，如保护地的植物、动物、气候、地质、天文、历史文化等。

（2）活动设计：设计活动内容时需要针对不同学段，针对不同功能区，从探究、参与、互动、实践的角度对活动进行设计。除了对活动内容的设计，还需要有路线以及开展活动时需要注意的事项。

（3）活动版块灵活组合：在设计单个活动内容时要注意活动所需时间，可以有半天、一天、两天等不同时长的简单活动，在被需要时可以随意组合以达到活动要求。

案例　石首麋鹿国家级自然保护区推出的《环境教育活动手册》

这是一本活页式的活动手册，可按受众群体的需求进行组合，开展活动。从本活动手册中可以了解石首麋鹿国家级自然保护区的基本情况，以及可以在此地进行的活动。

此活动手册中共有6个活动方案：

活动方案之一（小学篇）——麋鹿回家——麋鹿回归之旅（这一方案又可分为6个活动：麋鹿拼图、探索之旅、知识岛、回家之路、观影、绿野寻踪）；

活动方案之二（小、初中篇）——儿童短剧《麋鹿还乡》；

活动方案之三（小学篇）——麋鹿家园；

活动方案之四（初、高中篇）——绿色向导图；

活动方案之五（初、高中篇）——探寻麋鹿的奥秘；

活动方案之六（初、高中篇）——探究麋鹿的生活环境；

这些活动方案均是围绕了解麋鹿、保护麋鹿的主旨来展开。

每项活动方案都有"活动设计指导思想""活动目标""资源条件""活动对象""实施时间""活动准备""安全对策""讲义准备"等模块内容。每个活动方案都有不同的时间要求，有的需要30分钟，有的需要1～2小时。每个活动方案的内容、对象、课程形式、时间等都不同，可以根据具体活动要求进行灵活组合，比如，针对小学生的半天活动，可以挑选（小学篇）中一个或多个合适的活动进行组合开展。

这本活动手册的特点在于可以灵活组合，是一本实用性很强的手册。

案例　重庆缙云山国家级自然保护区管理局同重庆市植物园一起推出的《共享自然——自然体验教育指南》

通过《共享自然——自然体验教育指南》的目录可以知道，这本指南的主要内容包括重庆缙云山国家级自然保护区的基本情况、自然导赏基本理论、自然导赏活动带领技巧、自然生态游戏、"漫步缙云"自然体验活动案例分享、自然导赏解说词——珍稀植物园自然小径沿线以及附件的教案分享、相关书籍与网站的推荐。

从该目录中可以看出，《重庆缙云山国家级自然保护区概况》有10个小节，对重庆缙云山国家级自然保护区进行了全方位的介绍——基本情况、机构及历史沿革、动物、植物、植被、土壤、气候条件、水文、社区情况、历史文化（佛教

文化、红色文化、茶文化）。

《自然导赏基本理论》有7个小节——什么是自然教育、环境教育与自然教育的异同、中国自然教育发展历史、自然教育的目标、自然教育的方法、自然教育的模式、自然教育课程设计。

《自然导赏活动带领技巧》有3个小节，分别对活动的不同阶段中的带领技巧做了介绍——活动前、活动进行中、活动结束。

《自然生态游戏》有4大块——激发热情游戏，有12个小节；直接体验游戏，有5个小节；集中精力，有8个小节；自然创作，有4个小节。每个游戏都标明了游戏名称、活动目标、参加人数、年龄、活动道具、活动内容、注意事项。这些游戏均可根据活动主题自由组合后开展进行。

▲自然生态游戏——《我的树/我的叶子》

《"漫步缙云"自然体验活动案例分享》有2大块——"漫步缙云"之森林大探秘主题活动，有3个小节，分别是森林大探秘主题活动概述、森林大探秘活动过程详述、森林大探秘主题活动流程；"漫步缙云"之秋叶私语自然体验活动，有3小节，分别是秋叶私语主题活动概述、秋叶私语活动过程详述、秋叶私语主题活动流程。

《自然导赏解说词——珍稀植物园自然小径沿线》有9小节——中心花园、八角井、爱鸟林、海螺洞、珍稀植物园、竹林管理、水资源保护和管理（经过农民蓄水池时）、周边社区介绍、石华寺古树园。

《附件》有3小节——第二期"漫步缙云"自然讲解员培训教案分享、自然教育有关书籍推荐书单、自然教育相关的网站。

该指南是一本非常完善且实用的手册，对开发保护地相关教育课程和活动项目具有指导性意义。

 ②　地图型

一般是以地图为主的大张折页，参观者和保护地工作人员能从此类型活动手册中直观了解到保护地的相关信息。

（1）介绍当地保护地概要。当地保护地资源的类型及特点等基本情况，如保护区的植物、动物、气候、地质、天文、历史文化等。

（2）地图内容。根据当地保护地需求，可以绘制整个保护地范围的地图，亦可绘制所需保护地某一块区域的地图，绘制风格不限，但地图上需要显示相关标志及说明。

（3）生态环境知识说明。对当地保护地的生态环境知识（如森林、湿地等）附有必要的文字说明，图文对照最佳。

（4）注意事项。这是活动手册中非常重要的一部分，如在保护地遵守的法规、安全范围等。

（5）路线规划。将安全且合适的路线（可多条）绘制在地图上，配上简要说明。

案例　《西洞庭湖生物多样性绿地图》折页

折页正面是关于西洞庭湖的基本自然资源介绍。"西洞庭湖湿地自然保护区"介绍了西洞庭湖湿地的地理位置、动植物种类、范围面积、"洞庭四珍"；"西洞庭湖生态系统图"介绍了西洞庭湖四大特征生态群落，并结合手绘与真实图片进行说明；"对洞庭湖生物多性的三大危害"具体介绍了危害西洞庭湖生物多样性的原因；"人文洞庭"介绍了洞庭湖的历史；此外还有制作的组织、湿地使者成

员、主办单位、授权声明等内容。

折页反面是西洞庭湖生物多样性绿色地图。地图用手绘的方式绘制出了西洞庭湖的轮廓和特有的动植物，并将这些动植物绘制在相应的区域内。此外，地图上还有一些小图标，地图里的其他位置有对这些图标的解释，参观者可以通过这张地图在西洞庭湖规划自己想走的路线。另外，这份地图还有一个特色——用了一段以黑鹳为第一人称表述的文字，通过黑鹳的描述，参观者可以了解到西洞庭湖生物多样性的大致情况。

地图可以是真实地形图，也可以是手绘地图，表现方式上没有限制，但最重要的是地图的正确性，以及图文的结合。

四、活动手册编写注意事项

（1）仅在当地保护地内使用。活动手册的主要目的是给当地保护地开展的自然教育提供帮助，编写也是根据当地的自然环境进行的，因此仅适用于当地保护地。

（2）树立正确的自然保护观，提高环境意识，养成相关行为习惯，而不是简单的知识灌输。在编写活动手册时，需将理念部分融入活动过程中，让参与者在活动中感受到相关理念，用此方法宣传理念比直接灌输知识更有效。

（3）联系方式。在编写活动手册时，需要将保护地的全称、地址、联系方式、前往保护区的路线、交通方式一起写入。

第二十二章
Chapter 22 | 自然解说的原理和方法

一、什么是自然解说

  自然解说是一种非正式的教育方式，主要是指风景旅游区、公园、保护地、植物园、动物园等场所开展的针对游客的关于自然环境的讲解，让游客更好地理解所参观地区的自然环境。自然解说起源于欧美国家的国家公园，如今在发达国家和地区，已成为自然公园服务和管理的核心内容之一。

  自然解说通常分为人员解说和非人员解说两类。非人员解说是指运用标志、标牌等设施对游客进行说明。而人员解说则由讲解人员直接向游客解说各种相关资讯。在进行人员解说时，由于解说员能够实际接触游客，因此它最大的优点就在于解说员可以掌握游客所接收的讯息、与游客互动、回答问题等，游客也可以从中获得更多深入的体验。

二、弗里曼的"解说六项原则"

  1957年，弗里曼·泰登（Freeman Tilden）在采访了美国各地的国家公园并分析自然解说的进展情况后，出版了《解说我们的遗产》一书，第一次把解说定义为一门严谨的学科。他为解说定下的原则至今仍是公认的解说标准。

  弗里曼把解说定义为，"通过使用实物，以第一手的经历和影像资料来揭示事物内在意义和关系的一种教育活动，而不是简单地传递信息。"他认为，"解说应当最大程度地满足好奇心，丰富人的精神世界。"并且，他进一步总结说，"通过解说，进而理解。通过理解，进而欣赏。通过欣赏，进而保护。"

弗里曼提出的6项解说原则是：

（1）任何自然解说如果没有和展示的物品有某种程度的关联，或者描述的内容没有和参观者的个人经历与特性相联系，这样的自然解说是没有生命力的。

（2）资讯并不等同于解说。自然解说建立在资讯的基础上，但两者是完全不同的。但是，所有的自然解说都包含相关的资讯。

（3）自然解说是一门艺术，并且和其他的艺术形式相关联，无论展示的主题是科学、历史还是建筑，任何艺术在某种程度上都是可传递的。

（4）解说的目的不是传授知识，而是激发兴趣。

（5）自然解说应该注重整体性，主要强调对个人的整体意义而非局部面向。

（6）对儿童的自然解说并非对成人解说的简化，而是应该有完全不同的方法，最好应该有针对儿童的单独的项目。

沟通是一个传递意义的过程。研究显示，听众平均只会记住10%的口语沟通内容。所以，在解说的过程中，除了须利用不同的方式加深游客的印象外，更证明了解说的目的是要激发游客后续的自我学习，而非让游客记住特定的解说内容。

三、怎样准备一场好的解说

 考虑游客的大致情况

在进行解说之前，首先要考虑游客的身份，以便做到有的放矢。一群不到10岁的小学生，或者是大学生，或者是假日游览的家庭……每一类人群都有着各自不同的需要和期望，不可能通过一种方式的讲解让所有人都感到满意。

游客的教育背景和出游目的都是需要考虑的重要因素，例如一些参观学习者（如大学生）希望接触尽可能多的信息，而且几乎不需要解说者多做解释，就能很好地理解和利用这些信息。但是，那些利用假日全家出游的人们很有可能只是想在景色宜人的地方尽兴玩一天，他们也许对动植物的知识了解得很少，针对他们的讲解必须浅显易懂，形式上要寓教于乐，让讲解成为他们快乐一天的组成部分。

游客的居住地和对游览地点的熟悉程度也是要考虑的因素。此外，游客的性别、年龄、民族等都是在组织解说时可以参考的因素。

 选定解说的主题

每次成功的自然解说都有一个主题。主题就是解说的中心思想，讲解需要围绕主题来进行。这样能够让游客在参观后领会这次游览的意义。

选定主题有以下几个方面的作用：

（1）使解说突出中心内容。从众多可以告诉人们的事实里面，集中讲述那些与主题关系密切的。

（2）有助于使参观成为有机的整体。确定主题，也就明确了解说内容之间的逻辑关系，便于确定在哪里停留，各个停留点之间的关联性。如果没有主题，一路走来就会感到松散杂乱，各个停留地点之间毫无联系。

（3）帮助游客沿着一条主线参观，而不是看到一系列不相关的现象。这样可以使人留下有趣的深刻印象而难以忘怀。

3　理清解说的结构

游客喜欢听逻辑清晰、主题突出的讲解。他们希望能被讲解员的第一句话带动，想在讲解员的带动下，去探寻一系列有趣的事情。那么在组织解说的时候，如何做到这一点呢？我们还需要从解说的结构入手。

解说结构通常包含4个部分：开头、过渡、主体和结尾。

（1）开头

开头需要考虑两件事情：首先它要保证游客会得到有意义的收获，其次它须表明主题。

你的开头可以用惊讶型或幽默型，或者雄辩的问题或机智的引用，目标是激起游客的兴趣。你需要在一开始就抓住游客的注意力。比如，对一群到森林公园过夏令营的初中学生讲解公园里的鸟类时，开头可以说："大家都是初中生了，已经掌握了不少知识，我这里有一些鸟的名字，看看同学们能不能都认识。"当然，选的鸟名应该有一定难度，在孩子们尝试着读出这些鸟的名字的时候，也就激发了他们继续听下去的兴趣。

除了要集中游客的注意力，开头还需要讲明主题，让游客有所期待。

（2）过渡

过渡连接开头和主体，联系游客的兴趣点。例如，在教孩子们准确把鸟名一一读出来的时候，可以问："你们想不想知道，到底叫这个名字的鸟是什么样子的，它们在森林中过着怎样的生活呢？"

游客在听完你的开头后，会思考这样的问题："好呀，你确实吸引我的注意力了，但你的目的是什么，为

什么我该关心这些？"过渡起到的作用就是回答这个问题。

（3）主体

讲解的主体是由支持主题的观点和契合主题的各类事实组成的。

要注意控制解说主体中观点的数量。心理学家归纳说，人们最容易理解并且记住的观点数量小于等于7个。

当主要的观点被罗列出来后，你必须决定如何展现它们。为了让你的解说更有效，每个主要的观点都必须用某种方式突出出来。例如使用可视的工具——玩具、图片等。还可以使用比喻或者类推来引导游客去想象，或者通过说故事来帮助游客建立想象中的形象。总之，在讲解中，要确保用生动的形象替代干瘪的抽象概括，并且想方设法让游客在身体上有所参与。

（4）结尾

你应该用明确的语言告诉游客"我们到这里结束了！"可以用呼吁大家采取行动的方式，也可以总结你的主要观点。它可以是一个富有感染力的引用，也可以是在情感上对大家有所触动的戏剧性的结尾。

四、如何让解说更成功

 小径解说——自然解说最常见类型

所谓小径解说，是指带着游客边参观边解说的过程。这一过程往往在户外的小径上进行，通常会经过该地区一些有特色的景点，在森林公园中进行的解说大多属于小径解说。在小径解说中需要注意以下一些问题。

（1）设计好需要停下的解说点

小径解说常常被比喻成一串珍珠项链：游客能看到的每一处风景都是一颗珍珠，而在解说中，讲解员需要用统一的主题把这些"珍珠"穿成一串。因此，如何悉心准备并且恰当地放置每一颗"珍珠"，让游客感受到最好的效果，就成了讲解员需要去琢磨的事情。

一般而言，典型的小径之旅在1小时左右，途中一般会停留并重点解说大约5个地方，对其余解说点的讲解则尽可能做到简明扼要。解说员需要对于每一次停留有清晰的目的：在这个解说点停留是为了向游客呈现哪些概念，所使用的解说方法能否恰如其分地解释这些概念，这些概念又是如何与讲解的主题相联系的。

（2）掌控大多数人

一次讲解活动往往有多人参与，有时甚至达到数十人。保持住大多数游客的兴趣，是需要经验和技巧的。

当停下来开始解说时，你要确保每一个人既能看到你，也能看到目标物体。站在一个类似舞台中心的位置能帮助你做到这点。当你想对一群人进行解说，暂时离开小径路线，站在边上说会让大家看得更清楚。而站在一块岩石或者斜坡上，都可以起到同样的效果。所以找到一个"自然舞台中心"并利用它进行解说非常重要。

还有一个可供借鉴的方法是，让队伍的一半人走过整个目标物体，然后你往回走到目标物体的位置，大家就很自然地站成一个弧形围绕着你和目标物体了。

在解说的整个过程中，确保你的声音让每一个人都能听见。

（3）保持灵活性

小径解说是具有挑战性的，任何意料之外的情况都可能发生，因此小径解说的内容也常常包含计划内和即兴发挥两部分。如果在活动过程中发生了特别的事件，不要装作看不见——要让游客去体验，不要害怕偏离原本的大纲。可能的话，把这个事件融入你的解说主题之中。

（4）善始善终

小径解说的主题设定尽量要做到"从哪里出发最后还回到哪里"。开头和结尾要有关联性，这样能让游客对解说有一个完整的感受，而每一次驻足解说都将强化你在出发时提出的主题。

在结束的时候，要明确表示解说已经结束，总结所说的主题，让游客感觉到今天的活动圆满完成。你也可以提出一个哲理性的问题，让他们在回家的路上有思考的题材，比如社区发展和自然保护的关系等。需要注意的是，结尾要激发游客学习和探索的兴趣，你也可以邀请他们留下来一起做非正式讨论，而不是仅仅说："今天的解说到此为止！"

（5）道具

一些装置设备可以让你的观点更容易被理解，而有意思的小玩意则可以当做工具吸引游客的注意。心理学研究显示，人们对看到的东西记忆持久性比单纯听到的东西要长得多。因此，准备一些小道具可以让你的解说增色不少！它们既能吸引游客的注意，也能够让你的解说更容易被理解。

在道具的使用过程中，要注意展示材料类型的多样性，如视觉材料、听觉材料、嗅觉材料、味觉材料、触觉材料等。

 ② 学会提问——激发游客兴趣的关键技巧

为了让游客更好地参与，在讲解过程中应该提出不同类型的问题。每个问题都有独特的目的，问题的质量而不是数量决定了整个讲解是否成功。通常，提问可以归纳为以下几个类型。

（1）焦点型问题

这是最典型的问题，询问具体的信息。焦点型问题可以建构整个讲解的框架，鼓励观众参与，但是它们不能激发有创造性的思考。这类问题经常以"谁""什么"或者"哪里"开头。例如：

"这鸟头顶是什么颜色的？"

"这条蛇摸上去是什么感觉？"

（2）过程型问题

过程型问题比焦点型问题能获得更宽泛的回答。过程型的问题要求人们综合信息，而非简单地记忆或者描述。这类问题常用的形式有："这是什么意思？""如果这样的话，会发生什么？""为什么会这样？"等。例如：

"为什么丹顶鹤的头顶有一块红色？"

"蛇是如何保持自己的低温的？"

（3）评价型问题

评价型问题往往涉及游客的价值评估、选择和判断。它能给游客机会分享自己的感受。评价型问题往往以"你怎么认为？"来开头。例如：

"你觉得有必要保护鸟类吗？"

"民间有种说法'见蛇不打三分罪'，你觉得呢？"

（4）无需回答的问题

不是所有的提问都需要回答，如果你不需要听众回答某些问题，可以用设问句的形式。设问句具有参与性和强调性，可以帮助你强调讲解中的某些重点。例如"如果有一天，你在森林里突然发现再也听不到鸟鸣了，会是什么心情？"这类问题并不需要回答，却能够让听众思考。

 3 如何回答游客的提问

（1）有礼貌地倾听游客的提问。对于一些资深讲解员来说，有些问题可能已经听了无数遍，很难再像第一次听到这个问题时那样饶有兴趣地回答。但是，如果你不耐烦，游客很快就会发现，这会打击他们的积极性。要知道，游客很可能是鼓足了勇气才会问一个问题，因此一定要有礼貌并且清楚地回答他们的问题。

（2）听到游客的提问之后，再重复一次问题。这样有助于确认你听清楚了游客问的问题，并且让每个人都知道你将要回答这个问题。

（3）如果你不知道答案，不要装懂或者编造答案。坦白告知游客你不知道，或者询问在场的游客是否知道答案，也可以鼓励说："我也不知道，你要有兴趣的话，

我们可以在讲解之后去查询资料，看看到底是怎么回事。"记住，承认不懂比不懂装懂更容易获得谅解和尊重。

（4）有时候间接回答问题才是聪明的办法。鼓励游客自己发现答案。例如有一次，游客问解说员："松和柏有什么区别？"解说员回答："前面恰好有一棵松树和柏树，让我们仔细去观察一下，两者到底有什么区别。"这样的回答，鼓励了游客亲身参与，比单纯地告诉游客两者区别要有意思的多。

 4　联系有形资源和无形资源

有形资源指的是能够看得见和摸得着的物理特性，无形资源则指那些看不见摸不着的东西。比如说，如果你眼前看到一块石头，无论是花岗岩还是玄武岩，或者上面的漂亮花纹，都属于有形资源。但如果有人告诉你，这是来自长城上的石头，或者是柏林墙的砖，那么它所蕴含的意义则是无形资源。一个好的自然解说员，会有意识地把有形资源和无形资源联系起来，促进游客的深入思考，比如事物的变化过程、历史事件、思想、价值等，最终使得它和人类普遍的情感相联系，包括勇气、牺牲、家庭、爱、责任感、正确和错误、忠诚等。

好的自然解说无疑向游客提供了一种高质量的旅游体验。通过激发和引导而非单纯信息的传递，在理智和情感上使游客建立起对自然的关注，并促进他们在今后采取更有利环境的生活方式，这才是我们开展自然解说的真正目的。

第二十三章

Chapter 23 | 从志愿者到自然教育志愿教师

　　华侨城湿地自然学校是一个向所有愿意亲近自然的人开放的公益平台。秉承"一间教室，一套教材，一支环保志愿教师队伍"的原则，华侨城湿地开始筹办全国第一家自然学校。自2014年建立以来，在每个周末都开展日常课程活动，在每年的重要环境纪念日举行宣传活动，以日常课程研发小组为单位，开展定点互动游戏，让公众走进湿地，走近自然，享受湿地之美，开启探索湿地之门。

　　大自然是一切智慧的源泉，当我们身处自然中，回归内心的宁静时，自然之道会给生命以指引和启迪。我们都是大自然的孩子，期待通过自然教育的引导，能够感受大自然的生命能量、美与和谐，可以滋养疗愈身心，回归内在的宁静与安详，重建人与自然之间的情感联结。

一、自然教育志愿教师的招募与培训

华侨城湿地自然学校志愿教师的初阶培训每年两期，每期招募约40人。面向社会大众公开招募，只要是热爱公益事业和自然教育的公众，就有机会成为自然教育志愿教师。报名者的年龄跨度非常大，上至白发斑斑的老人，下至在校学生；他们的职业也各不相同，有在职大学老师、医生、政府职员、金融白领等。报名者通过预报名参加培训见面会，在见面会上了解华侨城湿地自然学校历史以及培训的相关内容和安排后，再按照自己的意愿进行正式报名，这是一种双向选择。在报名者正式报名后，学校将会对报名者进行筛选、面试，最后从300位预报名者里挑选出适合的志愿教师学员。希望通过严格筛选和培训，和自然教育志愿教师团队的共同努力，推动自然教育恒久发展。

自然教育志愿教师培训历时3个月，以"感恩、坚毅、乐观态度、激情、惊奇之心、敬畏心、责任心、自制力、社交能力"九大人格培养目标贯穿志愿教师培育以及实际的课程活动中。以流水学习设计法融合自然教育进行培训内容设计，由专业的自然教育培训师带领学员们了解红树林滨海湿地保护知识、湿地鸟类及栖息地生态、湿地环境互动活动设计、自然解说的原理及技巧等知识，让大家更深入了解自然教育的目的和意义。培训笔试完成后，将跟随资深自然教育志愿教师进行实践实习，体验真实的课程活动，了解学习更多

实践导赏以及活动带领技巧。只有通过考核后，才能正式成为华侨城湿地自然学校志愿教师的一员。

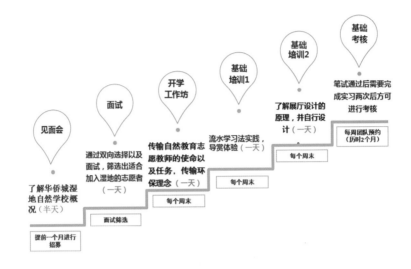

二、自然教育志愿教师的管理

成为华侨城湿地自然学校自然教育志愿教师后，须遵守《华侨城湿地自然学校志愿者管理规范》，遵守湿地的纪律。志愿教师利用业余时间在湿地进行纯公益的服务，所以为了更好地保障志愿者相关权益，自然学校为志愿者提供午餐，提供温馨的志愿者之家进行休息和阅读，为长期参与服务的环保志愿教师颁发志愿者证——可在开放时间无须预约携带3位亲友入园游览。在每年教师节当周举办"志愿者感恩年会"，感恩这一年在自然学校辛勤劳动的各位环保志愿教师，为有特殊贡献的志愿者颁发荣誉证书。

　　一位优秀的自然教育志愿教师的培育是一个长期的过程。华侨城湿地自然学校建立了完善的培训体系，定期组织不同领域的专业导师对志愿者进行专业化培训，提升志愿者的专业技能，为公众提供更好的教育服  务。每年为优秀自然教育志愿教师组织一次集体外出学习的机会，前往其他自然教育中心或者场域进行专业学习及交流。除了丰富的学习机会，自然学校也为志愿者提供了一个开放的展示平台，定期组织主题性"志愿者沙龙活动"，丰富志愿者在华侨城湿地的活动，促进合作热情，增加团队凝聚力；也为有着丰富专业知识的志愿者提供"志愿者分享会"的公开平台，鼓励志愿者对社会公众无偿的服务精神，激励更多优秀自然教育志愿教师投入到社会公众服务行列，开展了丰富多彩的团队建设活动。

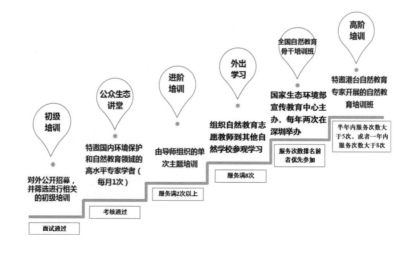

三、华侨城自然教育志愿教师的奉献与成果

华侨城湿地自然学校自开办以来已开展教育活动3 964次，包括志愿教师及义工培训、生态导览及自然教育主题活动，自然学校教育参与人数已达93 224人次（本数据统计截止时间为2019年10月）。培育自然教育志愿教师11期，520余人次，更有深圳狮子会64支志愿服务队、暨南大学深圳旅游学院"阳光益行"党员志愿服务队以及青少年运营服务队助力华侨城湿地自然学校公益平台，影响受众超过百万人。

华侨城湿地自然学校自创立以来，建立一支自然教育志愿教师队伍成为了重要的工作之一，也是不可或缺的一部分。主要包括6支队伍：

（1）来自深圳市义工联合会环保生态组——"红马甲"（服务4年，295人，服务逾43 000小时）。

（2）来自社会招募的自然教育志愿教师——"绿

马甲"（450人，服务16 799小时）。

（3）来自高校的志愿者——暨南大学"阳光益行"党员志愿服务队（157人，服务1 734小时）。

（4）深圳狮子会志愿者团队（2017年9月3日接力红马甲，成为湿地的另一支重要的志愿者队伍，现在已经有64支服务队在湿地参与志愿服务）。

（5）政府、院校、企业的志愿者（11 368人）。

（6）来自初高中的青少年志愿服务队（110人次，275.5小时）。

华侨城湿地自然学校每一场成功的教育活动都离不开自然教育志愿教师的默默付出，他们用滴滴汗水、真挚的笑脸、饱满的热情撑起了华侨城湿地自然学校的一片蓝天。正如德国著名哲学家雅斯贝尔斯所言，教育的本身就意味着，一棵树摇动另一棵树，一朵云推动另一朵云，一个灵魂去唤醒另一个灵魂。

第二十四章
Chapter 24
与学校建立自然教育合作关系

一、建立自然教育合作关系的必要性

《中华人民共和国自然保护区条例》明确指出，自然保护区应开展"自然保护的宣传教育""在不影响保护自然保护区的自然环境和自然资源的前提下，组织开展参观、旅游等活动"。中共中央办公厅和国务院办公厅下发的《关于建立以国家公园为主体的自然保护地体系的指导意见》中明确要求"在保护的前提下，在自然保护地控制区内划定适当区域开展生态教育、自然体验、生态旅游等活动，构建高品质、多样化的生态产品体系。"目前，未成年人自然教育方兴未艾，中小学的研学活动广泛开展，自然保护地与学校联合开展自然教育正当其时。自然保护地与学校合作关系的建立，有利于自然保护地贯彻习近平生态文明思想，推进生态文明建设，充分利用自身的生态资源，发挥专业人员优势，履行自身的宣传教育职能；同时也推动了自然保护地自身建设和人员素质的提升，有利于扩大保护地的社会影响与品牌打造。

二、如何与学校建立自然教育合作关系

自然保护地与学校都要有开展自然教育和研学的意向和热情，地理位置上相距不远，有可充分利用的自然生态资源和场地资源来开展教学和实践活动。保护地宣教人员和学校教师可共同组成工作团队，辅导学生成立相对稳定的自然教育社团，共同开展特色实践、自然体验活动和相关纪念日的专题活动。

双方可以签订共建协议，明确双方的责任、权利和义务，确定活动的内容、方法、辅导人员及目标，以取得更好的社会效应和教育效果。同时明确是一次性合作还是长期合作。

　　每次开展活动，双方都要制定周密的活动方案，方案中应包括活动目标、内容、方法、人员、时间、地点和安全预案，做到活动前有要求，活动中有辅导，活动后有总结。

三、自然教育合作方式之一——"走出去"

　　"走出去"，就是自然保护地的宣教人员主动到学校和教育部门开展自然教育相关工作。

　　自然保护地的宣教人员可以在学校开展科普活动，如讲座、展览、相关纪念日及节日（爱鸟周、世界湿地日、植树节等）的主题活动。

　　自然保护地的宣教人员可以对学校的老师和学生兴趣社团的成员进行专题培训。

　　自然保护地的宣教人员还可以在学校开设移动课堂。如2018年9月27日下午，天目山国家级自然保护区大地之野自然学校的移动自然课堂来到了杭州采荷第一小学508班。第一节课开展了校园动植物导赏活动，自然教育培训师带领同学们利用收纳盒收集了校园里的动植物，让同学们更加深入地了解校园，学会把脚步放慢，仔细感受自然带给我们的快乐。然后由自然教育培训师给同学们讲收集到的动植物的小知识。第二节课的主题是螳螂，自然教育培训师向同学们介绍了螳螂的形态特征及生活习性，带领同学们观赏了不同种类的螳螂。

　　自然保护地的宣教人员还可以与学校师生一起开展专题活动，如开展种植、饲养活动，以及为校园植物挂牌、辅导高学段的学生进行小课题研究等。

　　中国科学院西双版纳植物园帮助景洪市小街中心小学建成了一座校内自然科普园，面积达700平方米，植物园工作人员与同学们一起种下了135种热带植物。植物

园工作人员还经常到学校围绕"入侵植物的故事""如何进行自然观察"等10个主题开展讲座活动，组织自然观察俱乐部，带领学生在校内外开展丰富多彩的自然教育活动。2018年，该校的自然教育活动还成功申报了生态环境部的"国际生态学校"教育项目，获得了国际环境教育基金会统一颁发的绿旗荣誉。

四川省龙溪—虹口国家级自然保护区等7个国家级自然保护区与当地教育局合作编写了《大熊猫的家园》《麋鹿回家》《长江——水生动物的家园》等7种系列教材，供小学五年级选修课使用，取得了很好的教育效果和社会效应。

四、自然教育合作方式之二——"请进来"

"请进来"，就是邀请学校师生到保护地来开展自然教育。

学校师生到保护地可开展参观、生态专题考察、自然体验、夏令营、研学等多种活动。为了让学校师生在保护地能有所收获，保护地应该事先做好接待预案。

预案有两种，一种是由保护地提供现成的课程和活动方案请学校选择。这种做法因保护地有比较成熟的流程和丰富的经验，所以操作起来会比较得心应手。还有一种就是学校提出要求，保护地按学校要求结合保护地实际来制定预案，这样操作起来比较复杂和麻烦，但更有针对性，效果会更好一些。但无论采用哪一种预案，保护地都应该对来访学校的师生的人数、学段、组织形式、知识和心理特点、老师的配合程度做到心中有数，准备好相对应的方法和措施，才能取得最好的效果。

当前学校普遍开展研学活动，这是保护地的机遇，也是挑战。陕西省长青国家级自然保护区一直重视对学校师生的接待工作，对课程活动设置、辅导老师安排、活动流程、生活安置、安全保障等方面进行了细致的设计，准备了多套全方位的接待预案，每年暑假接待的学校师生可达1 000余人。北京大学附属中学等学校与保护地建立了长期合作关系，每年都来保护地开展研学活动，至2019年已坚持了7年之久。

湖北省长江新螺段白鱀豚国家级自然保护区科普宣教馆位于洪湖市玉沙路66号保护区管理处办公大楼一、二楼内。科普宣教馆展室面积约1 200平方米，由模拟沙盘厅、科普宣教厅、长江湿地厅和水生生物厅组成。馆内有江豚皮质标本3个、中华鲟皮质标本2个、短吻鳄皮质标本2个、鱼类标本80余种，还有植物、鸟类、昆虫、两栖类等标本210余种。该馆充分利用仿生场景和实物标本，配以声、光、电等前沿科技手段，给人以身临其境的幻化之感，寓知识

性、科学性、趣味性于一体，是新螺段保护区乃至长江中游开展长江水生动物科普教育的良好基地。保护区还与洪湖市第一小学建立共建关系，将科普宣教馆作为该校的自然教育基地，成为学校进行保护长江水生动物的第二课堂。同时还聘请了该校12名学生为小志愿者，经过培训后成为小讲解员，对社会公众进行实地解说，起到了很好的教育效果和社会效应。

五、资源共享　合作双赢

自然保护地与学校合作，共同利用保护地的生态资源和场地设施开展自然教育，持之以恒，便可达到双赢的效果。

湖北省石首麋鹿国家级自然保护区是以保护曾在中国内地灭绝，后通过国际合作而重归故土的国家Ⅰ级保护动物麋鹿为主的保护区，麋鹿现已繁育达1 400余头。该保护区认为这件事既是自然生态教育的好题材，也是爱国主义教育的好题材。保

护区与当地教育局合作，编写了校本教材《麋鹿回家》，印刷了13 000册免费发给石首市小学五年级的学生使用。保护区还联系了4所中小学作为定点合作单位，上门开展教育活动，为建立湿地生态教育室提供支持，并多次举办自然教育培训班，建立教师志愿者队伍。保护区在"走出去"的同时，还为"请进来"做足了功课，编写了保护区活动手册，内容是活页式的，可针对不同学段的学生的需要，安排半天到2天的自然教育活动课程。保护区每年接待各地学生达6 000余人。2015年11月，为纪念麋鹿回归中国30周年，曾为拯救麋鹿这个物种做出过贡献的英国贝福特公爵回访石首麋鹿国家级自然保护区，专程到保护区合作单位石首市横沟市镇初级中学考察学生开展的保护麋鹿的系列活动，并给予了极高的评价。石首麋鹿国家级自然保护区被我国教育部和环境保护部命名为第一批全国中小学环境教育实践活动基地，石首市横沟市镇初级中学和文昌小学两所合作单位被中国野生动物保护协会命名为"全国未成年人生态道德教育示范学校"，保护区和学校达到了双赢的最佳效果。

附录 广西桂林花坪国家级自然保护区与学校合作

广西桂林花坪国家级自然保护区（简称花坪保护区）是以珍稀孑遗植物银杉和其他珍稀濒危野生植物资源及典型亚热带常绿阔叶林森林系统为主要保护对象的保护区。该保护区非常重视利用自身资源，与学校合作开展生态道德教育和自然教育。

花坪保护区与桂林市教育局合作编写教材《美丽花坪　神奇桂林》，先后印刷15 000册，免费提供给14所学校使用。保护区的工作人员针对教材内容编写了12个课时的PPT，在周边社区学校建立移动自然保护区（移动宣教馆），包括38米移动走廊移动展示厅、动植物数字标本库、标本成列架、保护区监测系统等，通过多媒体利用声音、3D影像、图片等媒介，使教材内容更形象生动，增强体验感与互动性。目前已有2所学校建立了移动保护区（移动宣教馆）。花坪保护区还与周边学校建立生态文明共建关系，先后举办了3次专题培训班，有60多位学校领导、教师参加学习。还结合《美丽桂林　神奇花坪》在周边社区学校开展各种书法、美术、摄影、朗诵、演讲活动，邀请学校师生到保护区管理局陈列馆参观，得到了周边学校的大力支持，并协助推动周边学校申报"全国未成年人生态道德教育示范学校"和"国际生态学校"，周边社区已有7所中小学幼儿园获此殊荣。

花坪保护区于2014年获得国家林业局、教育部、共青团授予的"国家生态文明教育基地"荣誉称号；2016年被中国野生植物保护协会授予"全国野生植物保护科普教育基地"荣誉称号；2017年被中国野生动物保护协会授予"全国野生

动物保护科普教育基地"荣誉称号；2018年被教育部授予"全国中小学生研学实践教育基地"称号，被中国林学会授予"全国林业科普基地"称号。花坪保护区目前正在利用"全国研学实践教育基地"与桂林市教育局合作，在桂林市全市范围的中小学开展丰富多彩的研学体验系列活动。

参考资料

一、正式出版物

《生态道德建设论》　　　　陈寿朋主编　　　　　　　　　　　中央文献出版社
《全国未成年人生态道德教育实践与探索》
　　　　　　　　　　中国野生动物保护协会主编　　　　　　现代教育出版社
《林间最后的小孩》　　　（美）理查德·洛夫著，自然之友译　湖南科学技术出版社
《与孩子共享自然》　　　（美）约瑟夫·克奈尔著，叶凡，刘芸译　天津教育出版社
《笔记大自然》　　　　　（美）克莱尔·沃克·莱斯利，
　　　　　　　　　　查尔斯·E·罗斯著，麦子译　　　华东师范大学出版社
《我的自然笔记》
　　　　　　　　　　（美）克莱尔·沃克·莱斯利著，王子凡译　　中信出版社
《环境教育基地指导手册》
　　　　　　　　　　环境保护部宣传教育中心，自然之友编著　　气象出版社
《实践环境教育：环境学习中心》
　　　　　　　　　　周儒著　　　　　　　　　　五南图书出版股份有限公司
《美丽洪湖我的家》　　　中国野生动物保护协会，
　　　　　　　　　　荆州市洪湖湿地自然保护区管理局，
　　　　　　　　　　洪湖市教育局编著　　　　　　　　现代教育出版社
《我的家在红树林》　　　徐素倪，孙利利主编　　　　　　　广东教育出版社

二、内部使用资料

《环境教育实用指导手册》　王西敏编著，云南省林业厅，大自然保护协会
《自然的孩子》　　　　　　胡雅滨编写，北京天下溪教育咨询中心，
　　　　　　　　　　国际鹤类基金会，美国路思基金会

《自然学校指南》　　　　　环境保护部宣传教育中心，华会所生态环保基金会

《共享自然——自然体验教育指南》
　　　　　　　　　　　　重庆市缙云山国家级自然保护区管理局，重庆市植物园

《解说系统规划——从理论到实践》
　　　　　　　　　　　　王西敏，李梓榕，马剑瑜主编，世界自然基金会，
　　　　　　　　　　　　上海崇明东滩鸟类国家级自然保护区

《发现城市绿洲》　　　　　张冬青主笔，自然之友

《生态道德教育活动手册》　湖北省石首麋鹿国家级自然保护区

《观鸟》　　　　　　　　　湖北省京山县三阳镇小学

《我们的学校我们的家》　　云南省保山市潞江小平田明德小学

《探究植物王国——植物科学专题营》
　　　　　　　　　　　　中国科学院武汉植物园

《西洞庭湖生物多样性绿地图》
　　　　　　　　　　　　中南林业科技大学绿源环保协会，
　　　　　　　　　　　　北京天下溪教育咨询中心

后记 · *Postscript*

　　美国散文作家、思想家、诗人爱默生在《论自然》一书中说过"培养好人的秘诀就是让他在自然中生活。"另一位美国作家理查德·洛夫在风靡世界的《林间最后的小孩——拯救自然缺失症儿童》一书中写道，"儿童的灵性需要自然的滋养。"让未成年人从小就与大自然亲密接触，树立人与自然和谐共处的理念意识，已逐渐成为国内外教育界的共识。在我国当前未成年人生态道德教育和自然教育方兴未艾、欣欣向荣的局面下，由中国野生动物保护协会历时一年半编著的《自然教育手册——让孩子体验自然之美》面世了。

　　《自然教育手册——让孩子体验自然之美》共编排了4单元24章，内容涵盖了生态道德教育和自然教育的基本理论概念及发展过程，自然教育培训师的培训和教学，可借鉴的自然教育活动案例，学校和自然保护地如何开展自然教育等方面，尽力做到图文并茂，理论与实践并重，强调可操作性和实用性，搭建学校与自然保护地自然教育互动的桥梁。本手册虽然主要是面向学校和自然保护地的，但对其他开展自然教育的机构、单位和人士也有一定的参考价值。

　　斯多葛学派创始人芝诺说过："与自然相一致的生活，就是道德的生活，生活的目标是使生活合乎自然规律。"在使用本手册时，使用者要从情感、态度、价值观的养成出发，引导未成年人在自然教育活动中主动参与、积极体验、合作探究，树立"尊重自然、顺应自然、保护自然"的生态文明理念。但实施操作时，要根据具体情况，从实际出发，做到因地制宜、因季节制宜、因活动制宜、因人制宜，创造性地使用和实践，才会取得较好的教育效果和社会效益。

本手册由中国野生动物保护协会主持编写，有来自全国各地的40多位作者和摄影者参与编著，特别是湖北省野生动植物保护协会和杭州大地之野自然学校从资料和人力两方面提供了极大的支持和协助，最后由徐大鹏、尹峰、刘健、卢琳琳、范梦园、徐剑敏统编定稿。应该说这本手册的面世，既是中国野生动物保护协会多年来开展生态道德教育和自然教育经验的总结，也是所有参与者共同辛勤努力的结晶。我们向所有参与编写的人士及所在单位一并致以诚挚的谢意，同时也感谢中国农业出版社所给予的大力支持。本手册所引用的众多资料，虽尽量注明出处，但仍可能有遗漏之处，望予以谅解，我们也在此致以谢意与歉意。

徐大鹏老师自2003年起与中国野生动物保护协会合作开展未成年人生态道德教育，参与协会19期"自然体验培训师"培训班及10种未成年人生态道德教育系列教材出版。他在本书撰稿及统稿过程中做了大量工作，为我国未成年人生态道德教育和自然教育做出了积极贡献。徐大鹏老师于2020年1月21日不幸因病离世，我们对徐大鹏老师深表哀悼。

德国哲学家雅斯贝尔斯说过："教育的本身就意味着，一棵树摇动另一棵树，一朵云推动另一朵云，一个灵魂去唤醒另一个灵魂。"这本手册的面世虽然在我国未成年人生态道德教育和自然教育领域做了开创性的尝试，力图对推动未成年人生态道德教育和自然教育有所贡献，但还有许多不尽如人意的地方，欢迎大家在使用和传播的同时，提出宝贵意见，使我们再版时能修订改进。谢谢大家。

编委会

2020年3月

图书在版编目（CIP）数据

自然教育手册：让孩子体验自然之美／中国野生动物保护协会编著. —北京：中国农业出版社，2020.3
　　ISBN 978-7-109-26513-4

Ⅰ.①自… Ⅱ.①中… Ⅲ.①自然资源保护–青少年读物 Ⅳ.①X37-49

中国版本图书馆CIP数据核字（2020）第006656号

中国农业出版社出版

地址：北京市朝阳区麦子店街18号楼

邮编：100125

责任编辑：刁乾超　王陈路　　文字编辑：赵冬博

版式设计：李　文　　责任校对：巴红菊　　责任印制：王　宏

印刷：中农印务有限公司

版次：2020年3月第1版

印次：2020年3月北京第1次印刷

发行：新华书店北京发行所

开本：787mm×1092mm　1/16

印张：13.5

字数：300千字

定价：98.00元